普通高等教育艺术设计类新形态教材

Architecture Representation AND Sketch Design

建筑表现与快题设计

龙 燕 宋 阳 编著

中国轻工业出版社

图书在版编目（CIP）数据

建筑表现与快题设计 / 龙燕，宋阳编著. --北京：中国轻工业出版社，2024.7
ISBN 978-7-5184-4797-8

Ⅰ. ①建…　Ⅱ. ①龙…　②宋…　Ⅲ. ①建筑设计—高等学校—教材　Ⅳ. ①TU2

中国国家版本馆 CIP 数据核字（2024）第 086547 号

责任编辑：王　淳　朱利利　　责任终审：高惠京　　设计制作：锋尚设计
策划编辑：王　淳　朱利利　　责任校对：朱　慧　朱燕春　　责任监印：张京华

出版发行：中国轻工业出版社（北京鲁谷东街5号，邮编：100040）
印　　刷：天津裕同印刷有限公司
经　　销：各地新华书店
版　　次：2024年7月第1版第1次印刷
开　　本：870×1140　1/16　印张：11.5
字　　数：331千字
书　　号：ISBN 978-7-5184-4797-8　定价：58.00元
邮购电话：010-85119873
发行电话：010-85119832　010-85119912
网　　址：http://www.chlip.com.cn
Email：club@chlip.com.cn

231927J2X101ZBW

PREFACE

前言

习近平总书记在党的二十大报告中指出：教育、科技、人才是全面建设社会主义现代化国家的基础性、战略性支撑。必须坚持科技是第一生产力、人才是第一资源、创新是第一动力，深入实施科教兴国战略、人才强国战略、创新驱动发展战略，开辟发展新领域新赛道，不断塑造发展新动能新优势。

建筑表现与快题设计对国家建设发展起着重要推动作用，快题设计的学习是培养新型设计人才的重要组成部分，建筑表现力求简洁、明了，一方面需符合时代公众的普遍需求，顺应时代发展的大潮流，经济、实用；另一方面方便设计人员和施工人员之间的沟通，也方便各施工工种之间的交流。

建筑表现最早起源于欧洲大陆。19世纪后，建筑画发展成为一个独立的画种，在西方与油画、水彩画并称三大画种。进入21世纪，随着中国艺术市场的繁荣，建筑表现题材越来越丰富，表现技法精彩纷呈，也逐渐突破了传统的以速写为主的旧有模式。现今建筑表现不仅能够独立表现完整的设计主题，还具有独特的艺术风格，使之在诸多领域受到建筑设计者的青睐。

为了快速提升读者的阅读、学习效率，本书详细介绍了建筑表现与快题设计的特点、工具、基础知识以及画面构图、人物配景等表现方法。建筑设计还涉及规划设计、环境设计、景观设计等专业知识，在绘制设计图稿时，设计者应明确设计意图，并能将自身所学展现到快题设计图稿中。

快题设计是建筑设计与城乡规划专业选拔类考试的重要组成部分，不同专业所需要学习的内容会有所区别，相对应的专业所绘制的内容也会有所变化。本书还介绍了我国知名院校建筑与规划设计专业的相关信息，列出快题考试的评分标准与相关工具材料，如铅笔、马克笔、彩色铅笔、高光笔、各类考试用纸等。书中对于基本线条的绘制方法、基本透视原理等都做了比较详细的解读。此外，为了强化读者的绘制水平，本书中描述了建筑、规划设计着色稿的绘制过程，对于快题设计图稿中的文字书写也进行了细致注解，并通过分析大量的建筑与规划设计效果图、快题图稿等来阐述绘制技巧。

本书通过图文并茂的形式，向读者传达了绘制时应当注意的相关事项。

（1）在绘制过程中，要能分清设计重点与设计对象的主次关系，并注重对画面细节的刻画。

（2）选择正确的笔触来表现建筑材质和建筑结构的特征。

（3）选择正确的透视方式，一点透视和两点透视适用于表现造型比较规整的建筑，三点透视则适用于表现层高较高，顶端为尖端的建筑，也可用于表现建筑鸟瞰图。

（4）合理运用色彩并分配色彩比例，以便能更好地凸显出快题设计图稿的设计美。

（5）具备沉着、冷静的心态，在快题设计绘制过程中，要能恰到好处地绘制近、中、远景中的内容，并能时刻保持画面的完整性和整洁性，这样才能更好地从大批快题答卷中脱颖而出。

本书由武汉科技大学城市建设学院城乡规划系龙燕、宋阳编著，龙燕编写第1章、2章、4章、7章，宋阳编写第3章、5章、6章，部分作品由胡思雨、陈宇杰、罗诗淇、刘熹、陆正元、程良浩、甄才瑞、李思成、邵静美、郑雨乔等同学提供。由于时间仓促，内容或有不足和疏漏，敬请广大读者批评指正。

编者

于武汉科技大学

CONTENTS

目录

第1章

建筑表现基础

学习难度：★☆☆☆☆

重点概念：建筑、概念、特点、构图、层次、色调

章节导读：建筑表现的历史虽然短暂，但是却有其独特的风格，是其他画种所不能比拟的。相较油画、水彩画等画种而言，建筑表现的绘制工具要更加简便、单一，具有很强的表现力，很多建筑设计者运用建筑表现技法来创作插画、建筑画等，且沿用到多个领域（图1-1）。

图1-1：远处的建筑重点表现下部楼层的构造，密集的廊柱成为画面中心亮点，与上层建筑形成色调对比；近处船舶结构线条挺括，细致刻画出水面的形态，深暗的倒影与建筑下部楼层构造形成对比。

图1-1　写实建筑画

1.1　建筑表现概念

建筑表现最初起源于建筑钢笔绘画，是建筑设计者最初施展创意、记录现实的表现技法。建筑表现在近50年的时间里发展迅速，由最初的欧洲羽毛笔，到简单的钢笔，到现今的一次性水笔、中性笔、针管笔等。丰富的工具在一定程度上扩大、拓宽了建筑设计的表现能力，也提升了绘画的表现技巧，使得设计画面内容愈加丰满、精致（图1-2）。

建筑表现又被称为建筑画，作品中除了黑白稿，还有彩色稿（图1-3、图1-4）。

图1-2：采用琐碎的线条组合成细腻的局部构造。密集且短促的线条能塑造出强烈的明暗光影关系，门洞内深色与户外浅色形成鲜明的黑白对比，将朴实的建筑生活场景塑造得富有诗意。

图1-2　石砌建筑

图1-3：现今作品以表达黑白关系的素描为主，创作所用笔尖有粗、细、扁、圆等多种类型，不同的笔尖能够产生不同的绘画效果。其主要是通过单色线条的变化和由线条的轻重疏密组成的灰白调子来表现物象图。

图1-3　钢笔写实表现

（a）铁路

（b）民居建筑

图1-4　钢笔淡彩表现

图1-4（a）：在铁路构造线条的表现基础上，采用水彩晕染，形成较丰富的明暗层次效果。
图1-4（b）：民居建筑外墙以白色为主，重点晕染屋檐、门窗等部位，形成黑白对比效果。

1.1.1　发展历史

建筑表现作为一种独立的艺术形式，最初起源于欧洲大陆。早在1000多年前的中世纪，以插图的型式出现在宗教图书手抄本中，其中不乏一些著名画家，其中久负盛名的莫过于荷兰画家伦勃朗（图1-5）。

建筑表现是由传统形式向现代设计演变的一种表现形式，它有与其他绘画相同的属性，也有自己独特的一面。设计者有意识地将写实性建筑向设计理念转化，形成正确的设计观念才更有利于提高创作水平。大量练习能使设计者达到对物象造型结构和空间层次的充分理解，有利于创意思维的形成和培养。在不断的临摹、分析、写生过程中，捕捉艺术灵感，提

↓这幅作品采用横向构图，将乡村田野视野拓宽，包容了近景居民建筑、中景田野、远景风车树木等，画面层次丰富，形成丰富、和谐的视觉效果。

(a) 乡村田野

↓采用短弧线条表现茅草屋，在阳光直射环境下，对画面中央建筑塑造出强烈的明暗对比，提升建筑的体积感。

(b) 茅草屋

↓风车建筑主体位于画面左侧，让右侧空间形成深远的意境，表现出画面的空旷感与层次感，给单一的建筑表现注入故事情境。

(c) 风车磨坊

几座低矮的房屋作为近景主体建筑，进行了深入的刻画，可以看到屋面的烟囱、窗口及屋顶茅草顶盖材质。近景的植物配景与远近植物配景在颜色与形态上也做出了区分对比。

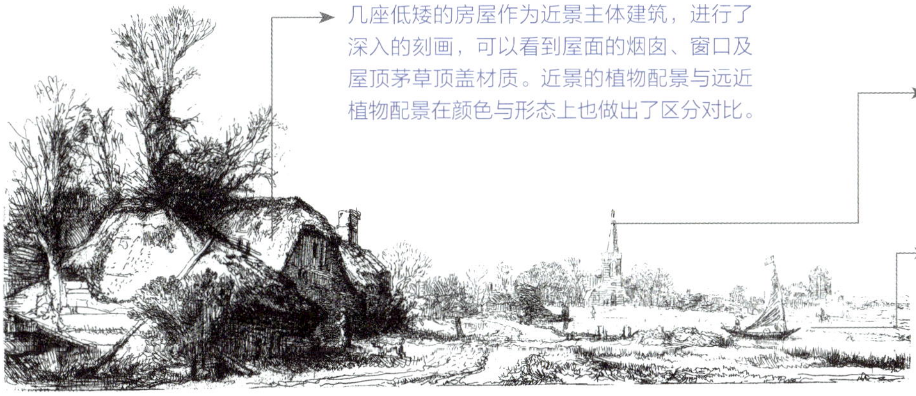

整幅画作中远景建筑及植物都作虚化处理，颜色较淡，只是绘制出大致的形态，并没有细致地深入刻画。

画作中湖水并没有细致地刻画出水流的形态，而是在湖面勾画出帆船，从而表现出湖水的形态，使画面更加活跃饱满。

(d) 乡村湖畔

图1-5　伦勃朗建筑画作品

高绘画能力及技巧，从而大胆突破常规，实现创意的培养。

1.1.2　表现特点与意义

建筑表现应当造型明确丰富，采用简洁的线条准确表达出建筑的形体结构，表现手法灵活多样、生动活泼。从客观自然的现实主义到在写实基础上变形，并不断进行精细加工等。这种发展具有多种倾向、多种形式。变形主要是对空间、比例和解剖等进行突破。无论是自然的现实主义，还是超级现实主义，都随着历史的延续和社会的进步得到了发展（图1-6）。

↓选取建筑的边角作为画面中心，由此向两侧散发的线条具有急促感，表现出建筑的现代风格特色。

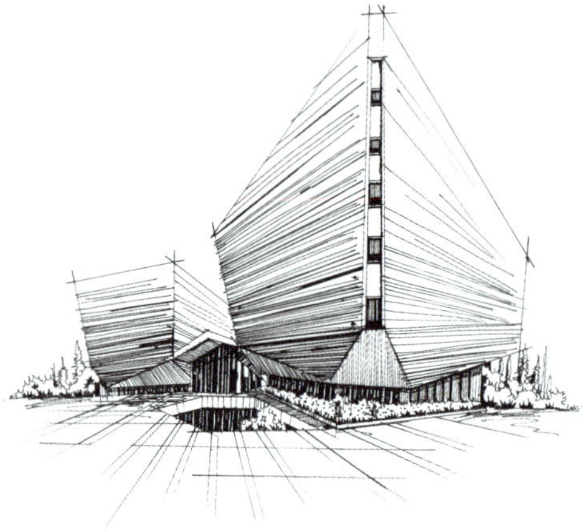

（a）左右发散特征

↓选取建筑的平缓侧面，让画面构图呈横向，加深底部构造的阴影，形成稳重的画面构图效果。

（b）横向平缓表现

↓悬挑构造建筑让人具有惊奇感，是现代建筑表现图的常见取景构图方式，在快题绘画时，需注意加深建筑暗部结构与层次。

（c）悬挑构造

↓建筑受光面的坡面造型采用交错线条覆盖，形成看似杂乱，实则富有造型依据的浅灰层次。

（d）端庄的坡面

←两点透视是建筑表现的常见构图形式，能将主体建筑的构造清晰、完整地表现出来，通过塑造光影关系来强化明暗视觉对比，搭配地面草坪、灌木来衬托建筑的挺括与端庄。

（e）完整的两点透视

图1-6 现代建筑快速表现

1. 表现特点

建筑表现创作的对象取材于自然，但经过设计者的创造，能够以新的形象呈现出来，在创作与构思时还需要考虑以下因素。

（1）色调变化。任何形式的线条排列都能够形成不同效果的色调和明度的变化，画面的光线、质感、空间都离不开色调和明度的变化，合理应用排线去组织具有明暗渐变、空间深度的素描效果是重要的表现特点（图1-7）。

（2）肌理质感。用不同线条编排出不同的变化，形成不同肌理效果，从而刻画出建筑及配景的形态与特性。主要有不规则波纹状、点、平行线等不同线条，以及交错排列和点的罗列等多种线形绘制方式（表1-1）。

（3）黑白块面与点的运用。运用黑白块面能增强黑白对比及物体的体积感，增加画面层次、立体感，进而突出画作主题（图1-8）。点是物体在空间的一种状态，点的运用不可缺少，在线的基础上用大小、轻重、疏密不同的点作以补充，可以增强表现力，如草地、水面、远山、水泥建筑等（图1-9）。

2. 表现意义

建筑表现不是着重于对自然物象的客观再现，强调创作者主观情感的表达，而是对客观物象加以再创造，从自然界中发现美，发掘出新意，并用绘画的

图1-7 写实表现技法（庞恩昌）

表1-1 肌理质感的表现

线条形态	不规则波纹状	点	平行线	交错排列和点的罗列
适用方向	木材的纹理	物体质地细腻，表面和过渡	简洁平滑的肌理	粗糙无序的质感
局部		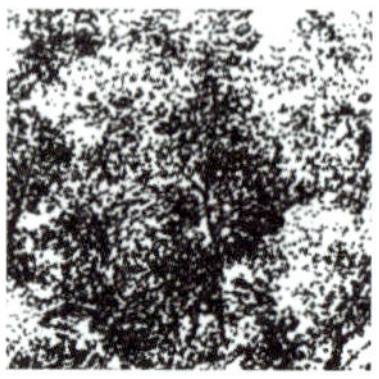		
整体				

建筑门洞大量运用黑色块面，突显门洞的深远及厚重感，整体建筑使用简洁轻快的块面及线条，很好地勾勒出建筑的体积及厚重感。

整体画风轻快简洁明了，配景树运用不同粗细的黑色块面快速勾画树形。

配景石块采用黑白块面的形式勾画，凸显了石块本身的质感及分量。

采用黑色填涂来表现门缝阴影块面，加深建筑整体神秘感的同时也凸显了其厚重感。

（a）粗笔涂黑

（b）细笔涂黑

图1-8 黑白块面的运用

采用点的形式勾画出不同形态及物种的配景树，且受采光和距离的影响，每棵树的颜色深浅及大小各不相同。

用点勾画出生动的马驹形象，恰到好处的留白及明暗处理，让马驹很好地和周围的景物融合在一起。

迎光面的路面及屋顶适当的留白，表示被积雪覆盖的部分，同时恰到好处地表现出场景中的季节。

图1-9 点的运用

形式记录下来，同时也是传递设计思想的载体（图1-10）。其具有很强的表现力，可以运用不同的表现形式清晰地表达出建筑体块及空间关系，所表达的画面往往具有独特的艺术感染力和审美价值。

建筑钢笔表现可用作色彩快速表现的线稿（图1-11～图1-14）。在线稿的基础上，可以用马克笔、彩色铅笔、钢笔淡彩等着色工具快速着色。

（a）横向建筑

（b）竖向建筑

图1-10　手绘钢笔表现

图1-10（a）：在横向构图的建筑中，主要采用短促的横向线条来表现建筑的外墙材质，搭配少量纵向线条辅助。

图1-10（b）：在竖向构图的建筑中，主要采用较长的竖向线条来表现建筑的形体轮廓，线条可适当弯曲，甚至扭曲，形成富有生气的画面效果。

←在钢笔线稿的基础上，在建筑界面的交界处和结构转折处施以适当的色彩，使画面达到结构清晰、色彩轻快的艺术效果。

图1-11　钢笔淡彩表现

↓别墅建筑要表现出端庄、祥和的画面氛围，在线条基础上，着色应当淡雅。

（a）别墅建筑

↓学校建筑的结构组合多样，水彩着色稍加浓厚，保持受光面的光亮效果。

（b）学校建筑

←建筑庭院内同时有阳光直射与阴影，形成较强的明暗对比效果，水彩着色应当更加深重。

（c）建筑庭院

图1-12　水彩表现

↓水边建筑构图主体较远，在近处可采用枯树枝来填充空白画面区域。淡淡地施以颜色，可以达到清新淡雅的艺术效果，尤其是在建筑界面的交界处和结构转折处施以适当的色彩，使画面达到结构清晰、色彩轻快的艺术效果。

（a）水边建筑

←如果仅表现建筑屋檐，可采用竖向构图，不断强化屋檐的结构来提升层次。

（b）建筑屋檐

图1-13　钢笔水彩表现

←在钢笔线描稿的基础上，选用马克笔作为涂色工具，作品笔触遒劲有力，色彩透明艳丽，是目前设计表达形式中最常用的一种工具。

图1-14　钢笔马克笔表现

★补充要点

建筑钢笔表现小技巧

每幅优秀的建筑设计快题表现都是设计者长期练习的成果。初学建筑表现最快捷、简便的方法就是临摹。只要经过反复的绘制练习，基本上能够掌握一套完整的表现语言，通过反复的临摹练习，掌握一种到两种表现技法。临摹时要注意把握全局，尤其是画面中的透视、比例等方面。临摹需要从简到繁开始练习，逐次增加练习难度，周而复始，要有计划地逐步临摹练习。

1.1.3　基础工具与技法

建筑表现的工具和材料比较简单，一张纸与一支笔就可以完成作品。下面介绍几种最常用的工具和材料，用于初学起步。

1. 基础绘制工具

笔的种类繁多，主要有钢笔、美工笔、针管笔、蘸水笔、圆珠笔、记号笔、宽头笔、马克笔等。每种笔都能展现不同的艺术效果，可以根据特定的要求选择合适的工具（表1-2）。

表1-2　建筑表现基础工具

工具	图画	线条特性	特点
钢笔			钢笔是建筑表现中最常用的作画工具，有很强的表现力，既可画出简单、明确而肯定的单线，也可通过线的排列而构成色调，线条疏密亦可表现色调层次和变化
美工笔			美工笔为特殊弯头钢笔，可以画出粗细不均的美丽线条，可粗可细，画面效果灵活，对比鲜明，适合表现条和块面结合的画面效果，也适合对表现对象灵感源泉的快速记忆

续表

工具	图画	线条特性	特点
针管笔		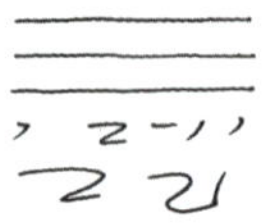	型号和规格多样，出水流畅，画出的线条匀称，可根据需要选择笔尖粗细不同的笔，适合表现线条精确、色调细腻的画面效果，可以表现出风格迥异的线描效果
蘸水笔		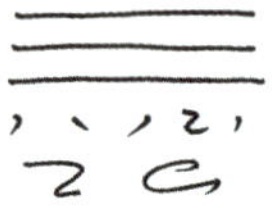	蘸水笔根据不同的笔尖可以画出或粗壮坚硬、或纤细柔韧的线条。配合墨水使用时，能够画出水墨画的效果
其他笔		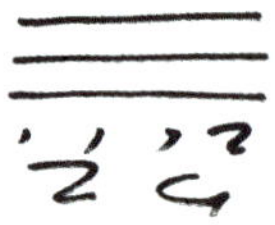	圆珠笔、记号笔、宽头笔、软性尖头笔、马克笔等工具也可作为作画工具，使表现效果更加丰富多样

2. 常用纸张与材料

建筑表现对于纸张的要求不高，通常质地较密实、光洁、有吸墨性且运笔流畅的纸最为适宜。常用的纸张主要有素描纸（图1-15）、绘图纸、复印纸、白板纸、有色纸（图1-16）等。常用纸张有120克、160克、180克、220克等规格，通常克数越大，纸张就越厚，平整度也越好。

3. 表现技法

钢笔表现被归类于黑白艺术之列，能够赋予作品很强的视觉冲击和整体感，主要可分为两大类，一种是美术家及绘画爱好者创作的艺术作品（图1-17），另一种是建筑设计师笔下的建筑设计表现（图1-18）。

★补充要点

提高建筑钢笔表现的准确性和熟练度

钢笔线条具有不易修改的特点，画错了就意味着前功尽弃。练习时一定要直接用钢笔绘制，这样有利于把所有的精力集中到画面上。最初可以从简单的建筑单体、植物配景开始临摹，然后逐步组合深入构图，直至能够独立完成整幅的作品。最后通过反复的绘制练习，基本上能够掌握一套自己的绘画技巧及制图风格。

钢笔绘画会对次要元素进行故意变形、夸张、概括和省略，对物体的描绘也不会十分准确、细致，这

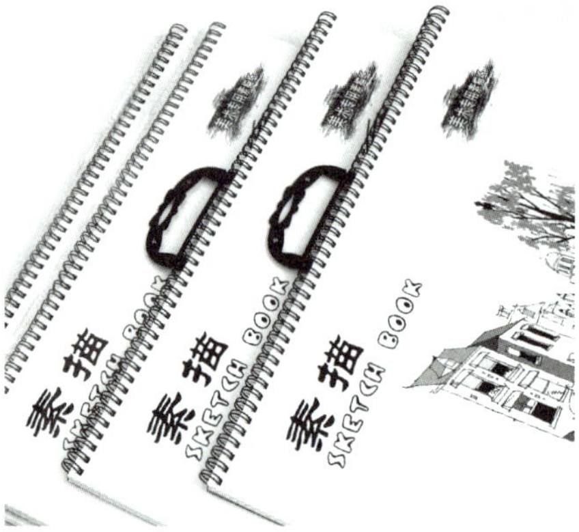

←素描纸质地粗糙，容易损伤钢笔、针管笔的笔尖，适合使用美工笔创作。素描速写本种类繁多，规格齐全，携带便捷，也适合建筑表现创作。

图1-15 素描纸

↓有色纸较广泛地运用于建筑表现创作中，这种纸张能够降低钢笔线稿线条的明度对比，创作出来的作品能够呈现出柔和的视觉效果。

图1-16 有色纸

整幅作品采用写实的绘画手法再现了古旧农家小院中的一景一物，园中茅草棚及木头支柱等每一处景象都勾画得栩栩如生，仿若情景再现。

虽只有黑白线条，但对路面及其他景物的光照阴影刻画得非常细致。

图1-17　写实建筑表现

（a）横向远景建筑

（b）竖向中景建筑

（c）快速表现

图1-18　建筑钢笔速写

图1-18（a）：绘图纸质地较平整，在横向远景画面中，除了建筑主体，还有一些植物配景。植物采取虚化处理，只表现基本形态，并没有细致描绘，避免喧宾夺主。

图1-18（b）：中景建筑细化局部构造，在画面中形成视觉重点。

图1-18（c）：主体建筑是一座尖顶塔楼和低矮的楼群，房屋整体线条流畅简洁，光照阴影细节处理到位。

种表现方式主要着眼于它是一幅可供欣赏的艺术品。建筑设计表现主要用于工程规划、设计、展示、观赏，这种绘画要求准确、真实，是能够实际实施组建实体建筑的方案（图1-19）。

↓浓厚的线条能让画面具有强烈的视觉效果，方便后期快速着色，提高设计效率。

（a）浓厚线条

↓纤细的线条使画面具有清晰感，适合后期搭配浅色。

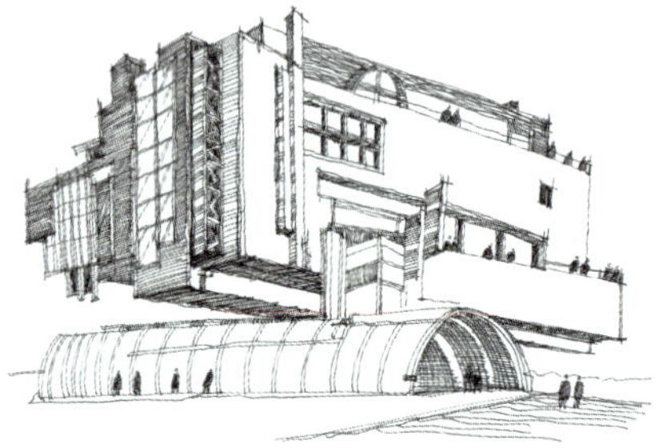

（b）纤细线条

↓用直线条来表现建筑结构的完整性，在暗部加深，形成较强的明暗对比，后期着色就简便快捷了。

（c）明暗对比

图1-19 建筑钢笔设计方案

1.1.4 画面构图

在建筑表现创作过程中，并不是所有映入眼帘的建筑周边景物都要入画，只有引起注意、美的景物，经过构思、创作才能形成一幅美好的作品。因而大家要善于发现美，学会取景，并运用构图取景的规律，表现美和创造美（图1-20）。

构图又称为合理取景，再进一步组织画面构图，其对整幅作品的成败起着至关重要的作用。画面分为近景（前景）、中景、远景三大块面，它们相辅相成，缺一不可，还能增加画面的空间层次感，使画面丰富多彩（图1-21）。

在取景构思时，远取其势，近取其质，适当取舍一些元素，明确区分概括处理与重点刻画的部分，突出画面中的主题，在必要时也可通过移景的方法将其他地方的因素，转移到取景范围内，进行合理的组合描绘，使画面更为完整。常见的取景方法有：

（1）选取描绘景物的范围取景。初学者写生取景时，可用相机拍下来，再来进行创作。

（2）在取景范围内有不美观的景物可运用移景法，将美的景物移到画面中，适当填补空缺瑕疵的地方。

↓这幅作品描绘的是典型的江南水乡场景。淋漓尽致地将江南那种惬意、悠然的生活渲染在作品中。湖泊岸上江南特有的低矮古老建筑、连接两岸的桥梁、悠闲的渔家和小船、平静的湖面，这些无不诉说着这里居民的美好生活，令人心生向往之情。

（a）全图

↓这是作品中的近景（前景）。渔家划动渔船，从水纹可以看出渔船的动势，位置也在画面中的最前面，一眼就能看见，令整个画面更加生动活泼了许多。

↓这是作品中的中景。一排典型的江南水乡特有建筑，有着浓浓的水乡气息，也正是这排建筑大家才能看出这幅作品的地理位置和作品背景，才能更好地理解画家赋予作品的“灵魂”。

↓这是作品中的远景。远景通常作为虚化的背景出现。远处的水桥、树木，是近景和中景的配景，近实远虚，采用简单的线条勾画，既丰富了作品，又是作品构图结构平衡所需。

（b）船

（c）房屋

（d）桥梁

图1-20 江南水乡场景建筑钢笔快速表现（阿王）

←通过近景（前景）、中景、远景三者之间的相互融合，作品中展示了牌楼下街市景点的繁华景象。其中街道两侧建筑林立，路面及两旁景观树繁多，道路远处也有不少参观的游客及店铺，场景引人入胜。

（a）全图

图1-21 青木川古镇钢笔速写（阿王）

↓这是作品中的近景（前景）。作品中所有的人物活动及配景主要围绕这个主题牌楼进行。牌楼呈现古体建筑形态，整体营造出一种古老、神秘、欢腾的氛围。

↓这是作品中的中景。主要是道路两旁的配景树木和建筑群。所有的中景都只是大致的刻画，表现出街景的繁华及欣欣向荣的画面感。

↓这是作品中的远景。将中景中的房屋延伸出去，体现了街道无尽的长度。远处人物的刻画，表现出街道的一派繁华热闹的景象，也给人留有想象的空间。

（b）牌坊　（c）两侧建筑　（d）延伸建筑

图1-21　青木川古镇钢笔速写（阿王）（续）

1. 画面布置

建筑表现的画面形成主要是通过黑、白、灰三个色度关系来表现。在图画结构上，由于远近距离的不同会产生近大、远小和线、形的透视变化，同时也会产生色彩和色调的透视变化。需要把握形体与形体之间或形体与背景之间的对比关系，以及表现出物像本身受光影的影响而形成的色调变化所具有的空间意义。正确地运用这些层次关系变化可以清晰地表现出景象的远近、虚实，并使画面产生纵深感（图1-22）。

2. 画面构图

最初的构图方案正确与否也是决定最后作品好坏的重要因素之一。完整的构图能够通过巧妙的构思把作品中所要表达的主题内容和作品中的情感传递出去，作品构图布局要均衡、形式多样且统一，总结起来主要表现在以下两个方面：

（1）布局均衡。不是简单的画面对称或平衡，而是有着更高层面上的均衡且多样统一。例如，画面上下左右给人视觉传达的比重，需要在构图时，通过画面颜色的色调、物体的分配布置来调节，达

↓建筑街景位于画面中央，是画面的重点表现对象，通过灌木、电线杆、建筑来衬托街道的透视感与纵深感。

↓街道中高耸的牌坊能点亮画面主题，重点且细致表现牌坊的细节构造，提升画面构图的重心高度。

（a）街道　（b）牌坊

图1-22　景象的远近、虚实及画面纵深感

远景中的高楼对比近景中的高楼颜色处理的较淡，且明显较小，展现出远景小近景大的透视视觉效果，使得画面更加立体，也更加真实。

此处颜色较所有的远景高楼颜色要深，且最为虚幻，可以看出此处也是中远的高楼，所以才这样处理，让画面远近虚实更加真实。

同为画面中近景建筑，由于受光效果不同，不同的建筑所体现的色调深浅也不一。

作品中景物色调的深浅除了表达光照及透视关系外，在刻画植物时，还能够表达植物的种类。

（c）中远景建筑

图1-22 景象的远近、虚实及画面纵深感（续）

到视觉上的对称与平衡，在视觉上还要多变、统一（图1-23）。

（2）多样统一。在满足作品画面景物及色调多样性的同时，又要达到整体布局的统一性。相同景物的大小变化、使用线条的疏密变化、画面景物前后距离、不同比重色块占用面积的比重，这些都是作品中重要的设计元素，需要处理好各局部元素与整体的关系，使之和谐统一，既要有变化，又要调和、统一（图1-24）。

↓鸟瞰具有纵深感，画面中所有建筑都能清晰表现，能轻松获得均衡的布局。但是要选择画面重点，对于画面边缘与上部的建筑可以简化表现。

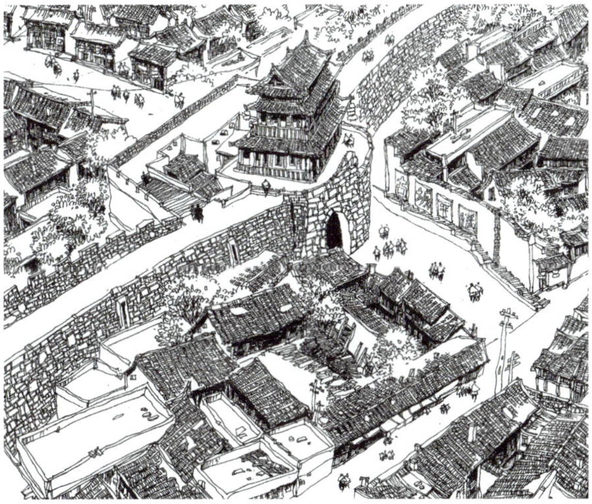

（a）鸟瞰构图

↓低视角构图的表现重点在于建筑中上部，为使画面布局更加均衡，可在画面下部增加简化的树木。

（b）低视角构图

图1-23 布局均衡

↓画面内容多样，包括建筑、船舶、树木、水面等，都需要细化表现，但是运笔技法均不同，经过融合统一后，采用短竖线来表现所有对象的亮部，形成统一画风。

（a）内容多样

↓建筑造型丰富，街道树木繁密，采用自由弯曲线条来统一画面中的多种结构，在造型多样中获得技法统一。

（b）造型多样

图1-24 多样统一

★补充要点

空气透视法与线性透视法

空气透视法，所有景象都身处空气之中，而空气自身就有一定的透视作用，物体在受空气及光线影响的同时会形成明显的色调对比和远近强弱关系。线性透视法（焦点透视法），人们在观察景象时本身就会受视线的干扰，从而产生远处景象模糊，近处景象清晰的判断。

↓画面中水平式构图庄严而沉静，打破了水平式构图应有的呆板、疲劳的感觉。建筑前铺满鲜花绿植，给画面平添了一份活泼，使原本单调、呆板的建筑更加富有生气和韵味。

图1-25 水平式构图

3. 构图基本形式

构图所选择的基本形式是由表现的主题内容而定的，不同的构图会表达出不同的画面气氛，不同的构图形式也会给人不同的视觉及心理感受。

（1）水平式构图。画面形象稳定，具有静止、开阔、平和、静寂的感觉，处理不好画面会显得呆板、缺少生气与韵味（图1-25）。

（2）三角形构图。分为正三角形和三角形。正三角形构图稳定、庄重、严肃（图1-26）；三角形构图不够稳定，缺乏安定感，较少使用。

（3）“S”形构图。情感表达流畅，空间表达深远，纵深感强，因其处理上的独特性而形成焦点，使画面更有趣（图1-27）。

（4）垂直式构图。通常情况下建筑不宜居中，这样能够增强建筑自身高大、高耸的艺术效果，且避免构图呆板（图1-28）。

图1-26　三角形构图

←画面中建筑正三角形构图稳重、庄重，线条自然随意，建筑特征与配景相互协调，打破建筑本身的平衡，使得画面更加随性、安定。作品构图只有建筑本身，并没有过多的配景元素，这也让建筑更加庄严、稳定、严肃，完美地体现了建筑自身的气质。

图1-27　“S”形构图

←流水形成半“S”形结构，画面效果独特，有很强的纵深感。

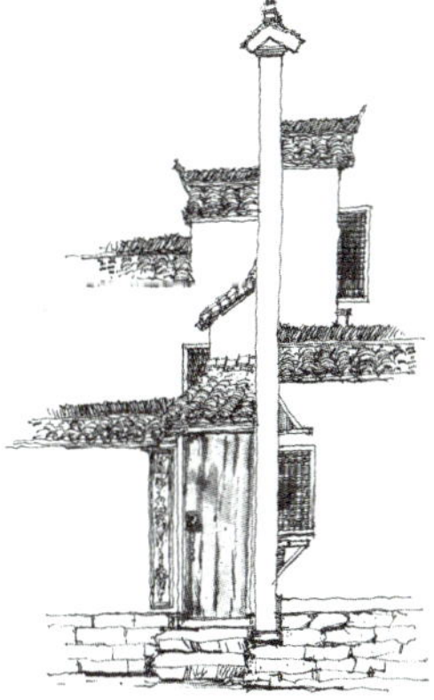

（a）墙体纵向垂直

（b）树木垂直

（c）山体垂直

图1-28　垂直式构图

图1-28（a）：将墙体纵向垂直构造作为垂直构图中心，提升画面的重量感和核心感。
图1-28（b）：建筑主体构造较小，以树木垂直构造为核心，将画面纵向拉伸，形成饱满的垂直式构图。
图1-28（c）：以高耸的山体为核心，将视线降低，形成仰视角度，突出建筑险峻的气势。

（5）辐射式构图。运用比较普遍，其特点是纵深感强，有向内、向外伸缩的感觉，其布白技巧尤为重要（图1-29）。

4. 构图其他注意要点

建筑表现的构图十分微妙，除了上述内容外，还需要根据表现对象来确定构图形式，强化构图的设计要点，让建筑表现具有强烈的美感（图1-30）。

←通过桥梁孔洞，给画面带来强烈的向内延伸感，同时让画面的层次更加丰富。通过这种辐射式构图的方式将街道上繁华、喧闹的景象氛围刻画出来，让街景有向画面外延伸的感觉。

图1-29 辐射式构图

↓选择好景物后，要尽量选择能代表建筑特征的角度。一般画建筑稍侧的角度，建筑的正面和侧面较呆板，通常较少画建筑的这两个角度。

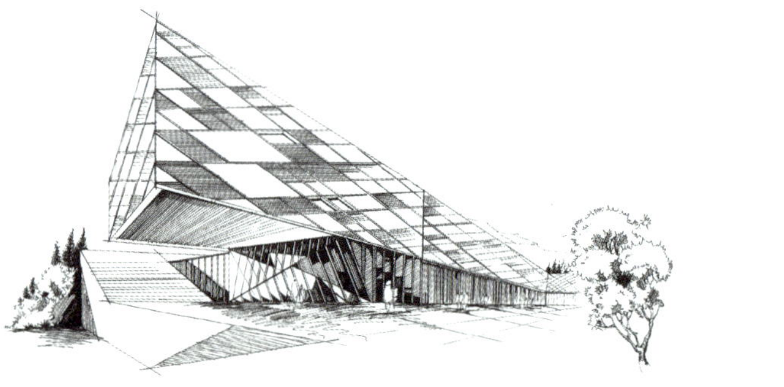

（a）角度选择

←通常建筑处于画面的横向位置时，采用横向构图；高大建筑处于竖向位置时，采用竖向构图。

（b）横竖构图

↓主体建筑不宜太正，要稍微偏离正中间一些，建筑不宜画得过大，也不宜过小，否则会使画面出现局促或主体建筑不突出的情况。

（c）建筑物位置及大小

←通过不同的画面处理方式，使建筑成为画面的焦点、注意力中心。对于非焦点表现对象，可作适当留白。

（d）焦点设置

图1-30 建筑表现横竖构图

1.2　建筑表现方法

绘制是构思后的实践，也是组织的过程。建筑表现绘制的方法正确与否是决定作品成败的关键，绘制时要考虑取景及画面的角度、透视、构图、画面空间层次的安排等因素。下面从建筑表现绘制方法步骤入手，详细介绍表现技巧和方法。

1.2.1　基础步骤

1. 取景、构图

在日常采风、考察中获取一处建筑场景，经过一系列构思、加工后再进行创作，最终形成一幅完整的建筑表现作品。要注意在取景构图时，构图的景观要有前景、中景和远景（图1-31），它们之间相辅相成，能够增加空间的层次感，使画面内容丰富多彩。

在构图时应思考以下几点。

选取角度及横竖构图。在取景完成的前提下，要考虑建筑及画面构图的最终角度。因为建筑是画面中的主体物，选择的角度最好能够体现建筑主体的性能特征，通常情况采用建筑正面稍侧一些的角度，会更能凸显建筑的细节变化，也能让画面显得活泼生动。观察建筑的高度与宽度，如果整体显得“矮胖”，一般采用横向构图，如果显得“高瘦”，更适合竖向构图。根据作品内容灵活选择，采用不同形式的构图（图1-32、图1-33）。

图1-31　取景

（a）正确构图示范

（b）错误构图示范

图1-32（a）：横向构图的建筑在画纸上的体量感明显比竖向构图的体量感要强，配景植物也只是占画面的极小一部分，其建筑主体地位也显而易见。

图1-32（b）：建筑本身是向左右延伸的形态。若选择竖向构图，勉强画在图纸上只能缩小建筑，这样反而不能凸显建筑在画面上的主体地位，使建筑失去其磅礴的气势。

图1-32　现代建筑横向构图

（a）正确构图示范

（b）错误构图示范

图1-33 六和塔竖向构图

图1-33（a）：竖向构图显得画面内容饱满，整个六和塔自上而下充斥整个画面，这样的构图也将六和塔高耸入云的感觉及气势彰显了出来。

图1-33（b）：横向构图建筑周边大面积留白，倘若留白位置画上其他配景，也会相对削弱六和塔的雄伟气势。总体来说，横向构图较竖向构图相比，整体画面不能够表现出六和塔的高耸、雄伟的气势。

2. 建筑物位置选择

通常主体建筑不宜放到画面的正中间，要稍微偏离正中间一些，要能够成为与众不同的焦点，使之成为画面的中心。若是有建筑大门或正面时，最好在此处留有大量空间，避免画面显得过于拥挤（图1-34）。

3. 建筑与其他配景的比例

建筑形体大小要适中，不能画得过大或过小，适当参照周围景物的比例。在构图时要遵从近大远小的原则，即离画面越远的景物要越小（图1-35）。

4. 透视

（1）确立视平线。视平线是与画者眼睛平行的

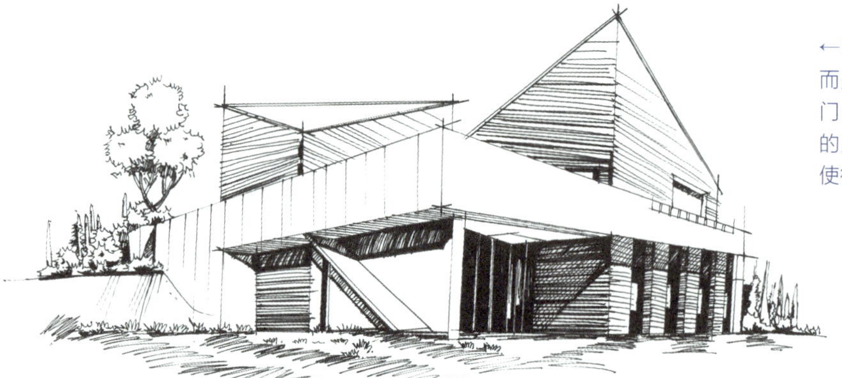

←图中建筑的绘图角度并不是正中心，而是整体向右偏移了少许，在建筑的大门出入口处选择大面积留白，只在建筑的后面布置一些远景绿植。这样的构图使得画面更有层次感，布局也更加饱满。

图1-34 建筑位置

（a）人视图

（b）鸟瞰图

图1-35　建筑比例

图1-35（a）：人视图中远景建筑绘制完整，近景构造要与远景建筑形成匹配，在明暗层次上也应细致表现。
图1-35（b）：鸟瞰图要抓住视觉中心，将画面中央的建筑详细表现，画面周边的结构有序虚化，边缘轮廓要求整齐。

水平线，根据视平线位置，可以将画面分为仰视、平视和俯视三种角度（图1-36）。

（2）透视的应用。一点透视一般用来表示横向场面广阔、能显示纵向深度的建筑空间；两点透视通

↓视平线决定被画物的透视斜度，被画物高于视平线时，透视线向下斜。

（a）仰视

↓被画物低于视平线时，透视线向上斜。

（b）平视

←视平线对画面起着一定的支配作用，不同高低的视平线，会产生不同的效果。

（c）俯视

图1-36　视平线角度

常用来表现真实自然的画面效果，也是最常用的透视类型；三点透视给人一种强烈的视觉感受，通常用来表示超高层建筑或建筑的俯视图。

（3）空间法则。在平面上表现深远空间时，需要遵循近粗远细、近大远小、近密远疏、近实远虚等空间构造法则。

5. 从深入刻画到完成

（1）用点和短线确定各景物的位置，要特别注意各景物的形状以及相互间的关系、距离等，以保证后续创作的准确性。

（2）从左往右依次画出表现对象或按先近景、次中景、后远景的顺序画。

（3）画近、中景要详细，画远景要略，用笔要轻，体现近实远虚的空间感。

（4）初步画完后要全面检查并加以完善，对深度不够的地方进行加深，可用手指蘸清水涂抹，能增加黑色的密度（图1-37）。

★补充要点

构图的视平线

1. 低视平线构图，视平线在人物的腹部以下，或处于地面一带，形成画面上对大部分物体的仰视效果。
2. 高视平线构图，视平线在人物的头部以上，视平线高会使视野开阔，描绘的景物尽数展现在人们面前。
3. 中视平线构图，视平线在人物的胸部到头部一带，产生身临其境的效果。

↓图中是自然风光取景，画面中有完整的前景、中景、远景，它们相辅相成，构成一幅完整的写生景象。

（a）写生取景照片

↓观察照片中的建筑，进一步构思。用铅笔简单勾画出建筑和周边配景的整体轮廓，注意把握好建筑主体的比例大小。

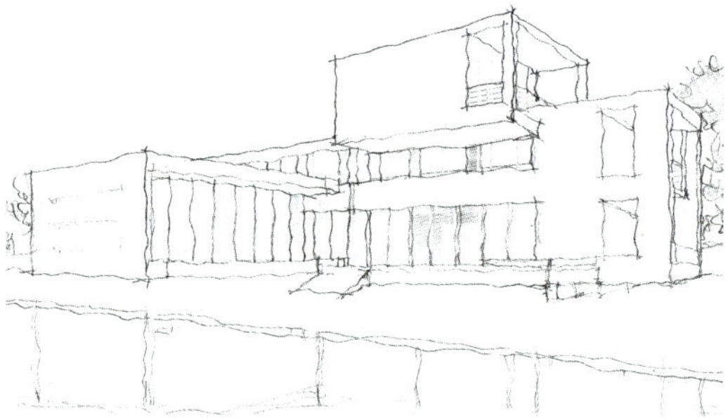

（b）初步轮廓

↓在铅笔底稿的基础上，用钢笔勾画建筑及其他配景的轮廓，并且需要不断修正偏离的铅笔线条。

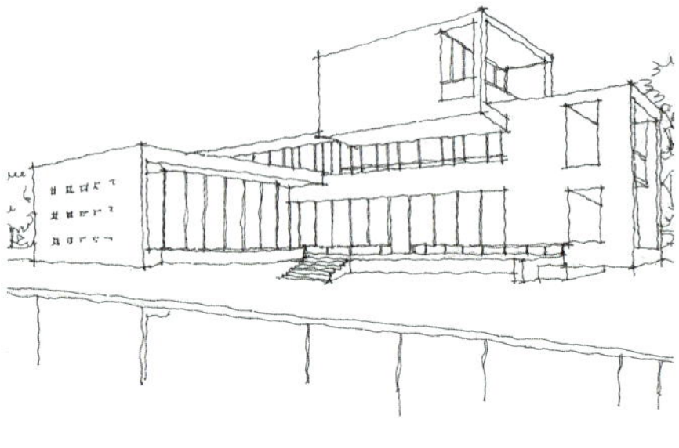

（c）确定轮廓

↓添加一些建筑细节结构，丰富画面。初步勾画出建筑倒映到水面上的阴影及建筑四周的一些绿植，可以在合适的位置适当添置一些绿植，让画面更具层次感。

（d）添加细节

图1-37 建筑表现步骤

←用简单的线条勾画出建筑内部及外部的明暗阴影部分，水中倒影使用洒脱的波浪线条快速地勾勒，注意每个位置的投影线条深浅都不一样，因为水面及投影的受光效果并不一致。远景绿植并没有过多的描绘，用斜线条简单涂了一遍，当然在画的时候也要考虑它们的明暗变化。这幅画中，所有的配景都不会有喧宾夺主的错觉，建筑在画面中始终都在引人注目的主体位置。

（e）强化对比

图1-37　建筑表现步骤（续）

1.2.2　画面空间层次安排

1. 概括与取舍

首先要观察画面中存在哪些配景元素与主体建筑，明确所要表达的内容及要突出的中心主题。明确主题后，要对一些不重要的元素进行适当取舍，尽可能保留与主题有关的设计元素。被保留的元素应具有美感，这些元素组合在一起要达到近、中、远景层次分明的效果（图1-38）。

2. 画面层次与对比

一般建筑放在画面中间，在前景、远景安排一些配景元素，如前景植物或水、远景山或植物等。这样会让画面的空间层次及内容更加丰富饱满。各元素之间不仅存在前后关系，还有一些外界因素对比，如形态大小对比、主次对比、虚实对比、线条的疏密对比等。通过各元素间的对比，画面也越鲜活、有趣生动、富有感染力。

（1）形态大小对比。面对主体建筑与其他配景

（a）道路中心

（b）建筑中心

图1-38　乡村建筑写生

图1-38（a）：以道路为中心，在道路两侧展开建筑，远离道路的画面元素逐渐简化。
图1-38（b）：以主要建筑为中心，细致刻画建筑的细节构造，远离建筑的绿化、配景逐渐降低明暗对比。

元素，要考虑它们之间的主次、前后关系。主体建筑是作品中的主要内容，占最大画面面积。遵从近大远小的原则，前景、中景、远景的形态依次缩小，最大的配景元素不能超过主体建筑（图1-39）。

（2）虚实、主次对比。画面空间主要通过透视与虚实来表现。离画面越远的景物越虚，也允许前实后虚或前虚后实，以及前景虚、中景实、远景再虚，主要根据表现重点来决定（图1-40）。

（3）线条疏密对比。线条可粗可细，可曲可直，经过组织、构成后，有疏有密，就更富有表现力，线条可用来表现空间物象的节奏、韵律、虚实。线条的不同变换能表达出作品的情感活动与空间效果（图1-41）。

←画面左侧建筑形态较大，是主要表现对象，右侧围栏的主要功能是平衡画面。因此建筑需要深入表现，延伸至右侧的围栏选择局部细化表现，形成呼应。

图1-39 形态大小对比

←主要建筑是位于画面中央的中远景，是画面的中心元素，需要细化表现。由于建筑形体占据画面主要部位，近景与建筑周边的元素应当虚化表现。

图1-40 虚实、主次对比

←单纯用线来表现建筑细部构造，应当选用较细的线条，在细致密集的部位逐步绘制出建筑的梁架、斗拱。密集的构造与稀疏的构造形成明显的疏密对比。

图1-41　线条疏密对比

1.2.3　色调变化

1. 色调变化来源与特点

辨认物体主要依靠光照，光照的强弱关系到物体的清晰度，当明度达到一定数值才能呈现清晰的物体。建筑表现中也有明度的强弱变化，即黑白灰色调变化。白与黑是建筑表现线稿中明度的两级，中间还存在着不同级别的色调。在色调变化中，从纯黑到纯白的色调之间至少能分出六种以上的灰色（图1-42）。

色调的变化主要来源于建筑及其他配景元素本身的固有色、受现实光照影响的效果、在环境中因反差程度不同而形成的结果等。可以通过线条粗细和笔触轻重来控制色调变化。一般用稀疏的线条来表现浅色，用网格线条的疏密表现深色区域或轮廓阴影，通过反复绘制使线条加粗加深，网格线条越密集，表达的颜色也就越深（图1-43）。

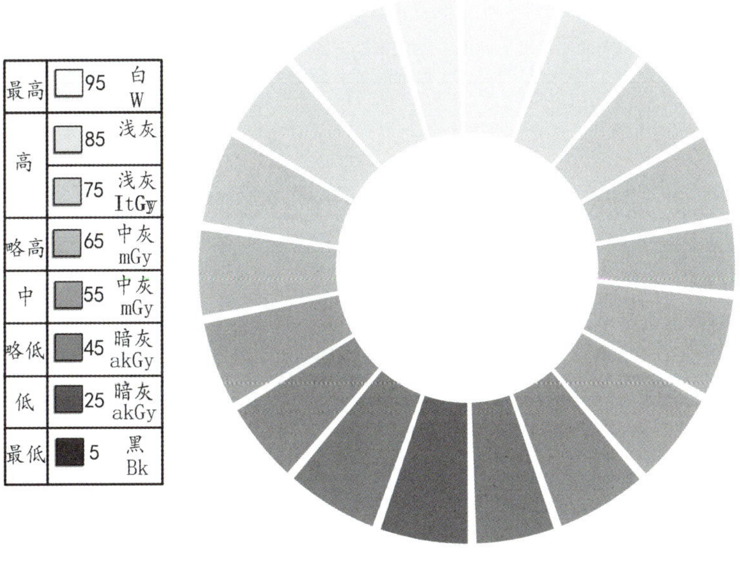

←黑白两种色调的对比最为强烈，称为强对比，黑白色调对比及白灰色调对比的反差最小，称为弱对比。丰富的色调变化及对比，使得建筑及其他配景元素更具有表现力，且使调子变得柔和。

图1-42　黑白色相环

↓浓密的粗线条能提升画面的重量感，同时反映出建筑的历史悠久与沧桑感。

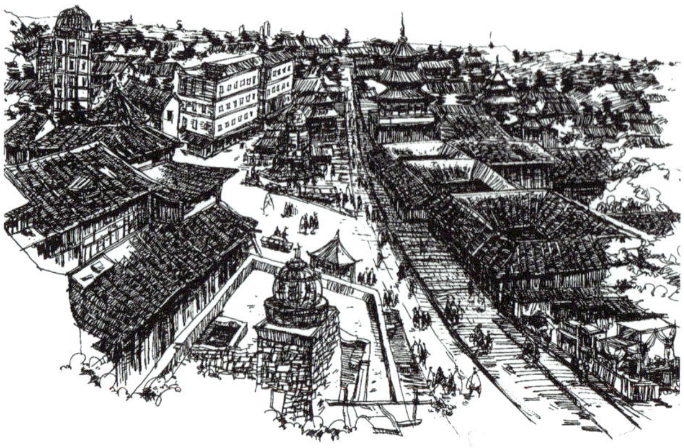

（a）浓密的深色色调

↓细致的线条能精细反映出建筑结构，即使是最深暗的部位也不完全涂黑，要清晰表现暗部构造。

（b）淡雅的中灰色调

图1-43　色调变化运用

2. 明暗色调表现形式

建筑表现主要是通过不同线条的合理排列来表现空间、景物及明暗色调变化的，又因为线条能够组织形成不同的表现形式，因此又形成了不同风格和明暗色调的处理方法（图1-44）。色调处理方式主要有以下几种：

（1）线描表现。排除光影影响，掌握建筑形体的结构特征，充分利用线条的多变性来合理地表现建筑的结构、材质及比例等。使用线条对画面进行概括、提炼、组织安排，以此来表达建筑的主次、空间等关系及明暗色调的变化［图1-44（a）］。

（2）明暗表现。画面受光影影响，能产生富有变化的明暗色调，应用线条排列成不同明暗面来丰富画面，形成非常强烈的空间感和层次感［图1-44（b）］。

（3）综合表现。结合线描表现和明暗表现，既保留线条的韵味，又强化了空间明暗的对比关系，突出了重点，增强画面的艺术表现力，作品有很强的视觉冲击力和整体感［图1-44（c）］。

↓画面中的建筑及配景都使用单一的线条绘制，且没有光影变化的阴影表达。仔细观察可以看出所有景物的轮廓线条都有不同粗细的表现和颜色深浅的变化。

（a）线描表现

↓画面中所有景物的明暗色调变化都是通过长短不一的线条来完成的，可以明显地看出建筑暗部的短线条，经过反复的线条堆积，呈现暗部色调的不同颜色变化。

（b）明暗表现

图1-44　建筑明暗色调表现形式

←综合表现是线描表现形式和明暗表现形式的结合体。画面中建筑及其他配景元素都是采用随意的线条勾画出轮廓的，建筑的窗户及建筑的暗面是采用线条和黑色块面相结合的形式来表现的。画面风格看似非常随意，但随性的线条和黑色块面的结合，展现出很强的视觉冲击力和画面整体感。

（c）综合表现

图1-44　建筑明暗色调表现形式（续）

1.3　建筑表现方法步骤

在建筑表现开始之前，要进行、选景角度，认真分析、理解对象的结构、透视、比例等形象特征，避免盲目起稿。从主体建筑入手，再逐渐向四周扩展。注意时刻把握整体关系，突出主体中心（图1-45）。

（1）明确视平线位置，确定画面的整体结构及比例关系，用铅笔勾画出构图透视、建筑的大体结构轮廓。注意线条要概括、清晰地表现物体的透视、形体结构、材质特征，使画面具有丰富的层次变化，并营造好与建筑环境之间的氛围。

（2）从建筑主体着手，确定画面整体的明暗基调。塑造建筑材质，进一步将建筑物中的具体结构和需要表现的内容明确下来，注意暗部调子不宜一次画得太重，应留有加深的空间。

（3）从建筑主体开始向外延伸，将画面中最重要的建筑部分先适度地突出表现，为后面的深入刻画做好铺垫，要注意调子的层次过渡。

（4）进一步深入刻画，将配景的不同质感和肌理效果刻画出来，注意画面铺开的顺序与衔接，整体统领局部。利用对比关系，初步完成画面。在深入刻画的同时，始终注意整体的画面关系，做到收放自

←从配景人物拉长的影子可以很快联想到一幅夕阳西下、行人行色匆匆、欲归家的场景，画面生动活泼。拉长的道路无限延伸到道路尽头的现代建筑面前，及行人前行的方向，这些都指向了这一排建筑，由此给画面留下了想象的空间，也凸显了建筑的重要性。

图1-45　建筑场景表现

如，张弛有度。

（5）对画面进行整体微调，处理好主体建筑与配景的主次关系。

下面列出几套建筑表现作品的步骤，对每个绘制步骤过程进行解析，供参考学习。

1.3.1 博物馆建筑表现

这是一座德国博物馆的外立面照片。画面采用横向构图，建筑占整幅画面的80%。整体建筑呈现敦实、厚重的现代感（图1-46）。

1.3.2 酒店建筑表现

这是一座时尚现代的水上酒店。画面中通向酒店的一架桥梁延伸到画面之外，给人一种无限延伸的遐想。正因如此才给了作画者一种创作的热情（图1-47）。

↓分析建筑结构，呈多边形不规则造型，画面视点较低，向上高耸造型突出。

（a）参考原图

↓观察表现对象，在脑海中构思作品的构图方式及需要入画的配景元素，可以对着景物一边观察一边作画，也可以用相机拍下景物，对比着照片作画。用铅笔勾画出主体建筑的轮廓及周边配景。

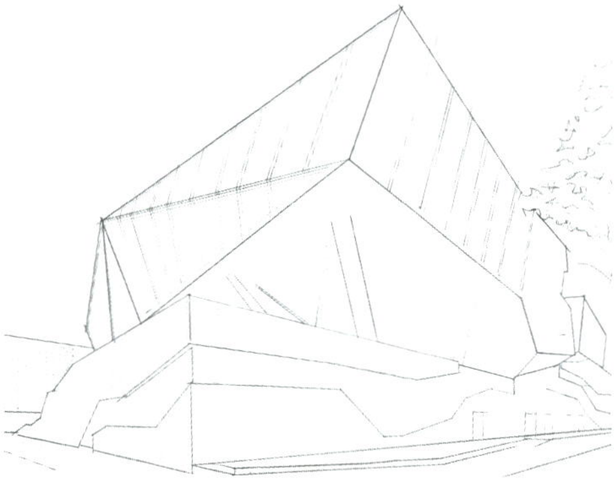

（b）铅笔初稿

↓在铅笔稿的基础上，用钢笔勾画出景物的轮廓，注意建筑的比例大小是否合适，透视是否正确，勾线的同时还要修改上一步错误的线条，最后擦除铅笔底稿印记。

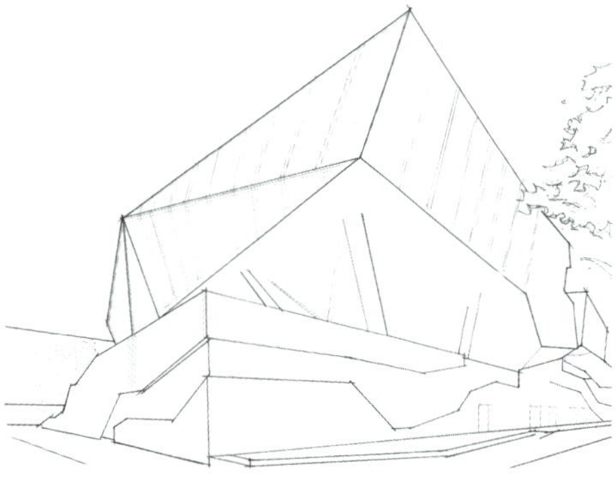

（c）钢笔轮廓

↓仔细刻画、加深画面中的一些细节，增强画面的层次感。最后根据景物受到的光照方向，使用简洁的竖线条加深建筑的暗部，加深建筑的立体感，使画面的空间感更加强烈。这幅作品仅仅使用了简洁、单一的线条，画面效果却在简洁中透出一股小清新感。

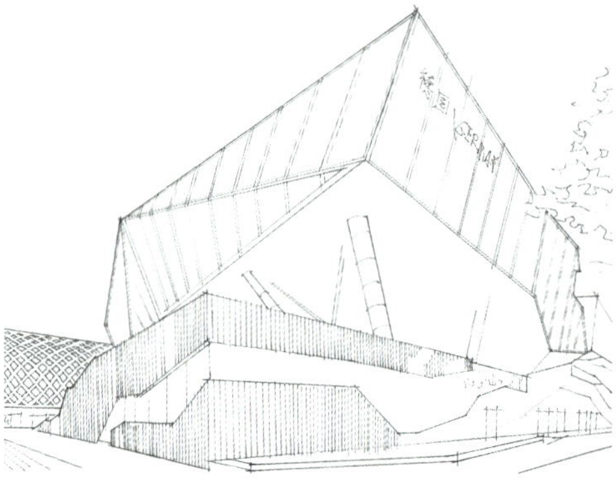

（d）添加细节

图1-46 博物馆建筑表现

↓分析建筑结构，独立高耸的形态，另外有桥梁贯穿画面构图，与主体建筑形成均衡的构图。

（a）参考原图

↓用铅笔手绘线条勾画出建筑、桥梁、水面及路面的大致轮廓。图中手绘线条每根线条都有特点，此时画面虽没有太大的空间及立体感，却也体现出作画者自己特有的画风。

（b）铅笔初稿

↓用钢笔描绘景物轮廓，修改画面中不足之处。

（c）钢笔轮廓

↓用线条叠加的方法，画出建筑及桥梁的色调变化，强化细节变化，加深建筑的立体感，丰富空间层次。

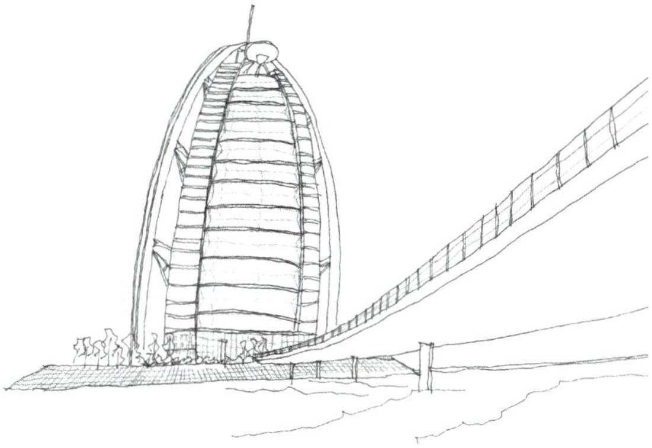

（d）强化明暗层次

←加强建筑暗部阴影的明暗变化，完成上步未完成的暗部描绘。整理画面，加强空间的立体感。

（e）添加细节

图1-47 酒店建筑表现

1.3.3 行政办公建筑

行政办公建筑画面采用竖向构图，建筑富有浓烈的现代气息，建筑线条挺拔、雄伟。画面中除了主体建筑，还有配景人物、道路绿植和天空，照片构图饱满、丰富（图1-48）。

↓建筑原图屹立高耸，形态端庄，受光面结构清晰，能轻松抓住建筑轮廓结构线条。

（a）参考原图

↓用单一的直线条勾画出建筑及周边绿植的轮廓。注意这一步可以使用铅笔先打底稿。再用钢笔描绘一遍。

（b）铅笔初稿

↓稍稍加深建筑的暗部阴影处线条，为下一步画建筑阴影做好准备。

（c）钢笔轮廓

↓刻画建筑上的一些小细节及建筑前广场上的人群、道路等效果。勾画出物体的明暗色调，使画面线条更加鲜活、生动。最后要让画面统一协调。

（d）强化明暗层次并添加细节

图1-48 行政办公建筑

1.3.4　古典别墅建筑

这是一座欧式古典造型的别墅，照片里前景、中景、远景层次分明。可以看到画面中景物有点繁杂，可以适当删减一部分不是很重要的配景，避免画面过于杂乱（图1-49）。

1.3.5　鸟瞰群体建筑

这是一幅建筑鸟瞰图，鸟瞰与常规的俯视、仰视角度不太一样。在开始作画时，心中要明确构思画面整体的透视关系，透视的正确与否关乎着作品的成败（图1-50）。

↓欧式古典别墅造型复杂，细节丰富，要注意提炼，抓住主要建筑构造细化表现，对周边环境进行一定取舍。

（a）参考原图

↓打好铅笔稿，再用钢笔勾画一遍。可简单勾画出建筑及周边绿植的轮廓，建筑前的人物及其他配景先不画，这一步只画主体轮廓。

（b）铅笔初稿

↓进一步画出建筑的细节变化，包括建筑前面的人物及绿植都需要刻画出来。

（c）钢笔轮廓

↓用颜色深浅不一的线条，画出建筑的屋顶，可以看到不同位置、造型的屋顶，其表现方式也各不相同。建筑的阴影采用线条叠加的方式，使用大面积斜线来表现。最后注意统一画面线条，加强暗部色调变化。

（d）强化明暗层次并添加细节

图1-49　古典别墅建筑

↓鸟瞰视线较高，构图视角很广，能看到较远的场景，需要对周边环境进行取舍。

（a）参考原图

↓用直尺辅助铅笔，从画面的外围道路轮廓开始着手，最后画出道路内所有建筑。

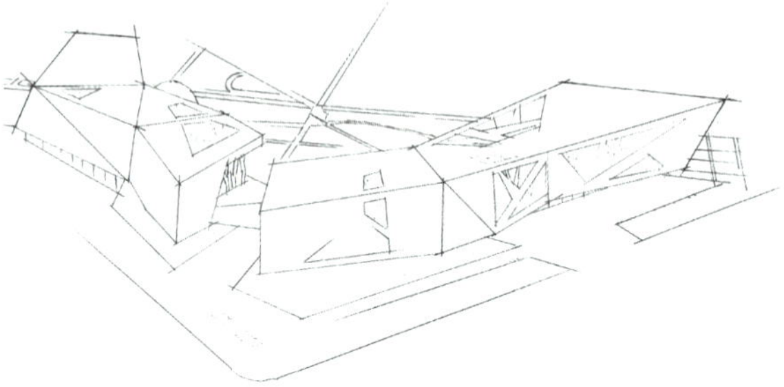

（b）铅笔初稿

↓在铅笔底稿的基础上，使用钢笔再描绘一遍，注意在描绘过程中，观察哪些地方的线条存在透视问题，可以直接用钢笔线条进行修正。

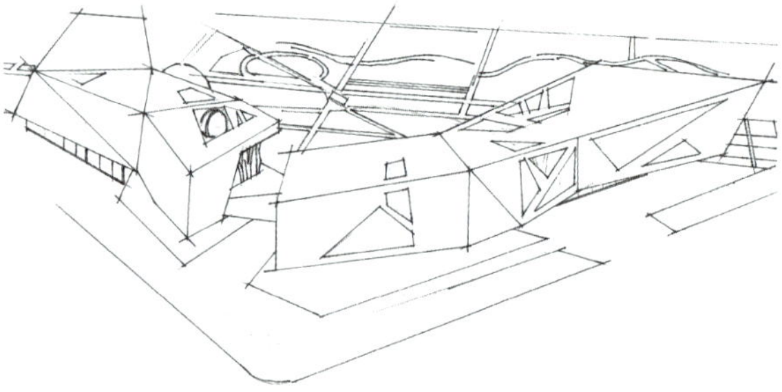

（c）钢笔轮廓

↓观察写生照片，刻画出建筑门窗结构细节及道路边绿化。可用直尺辅助画出直线条，注意画面整体用线简洁明了，没有过多的线条修饰。

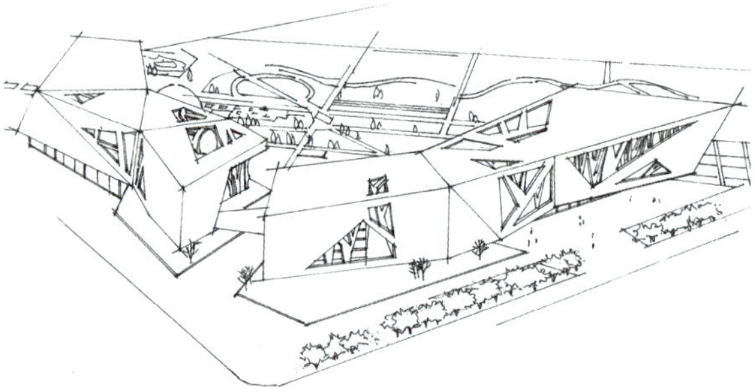

（d）强化明暗层次

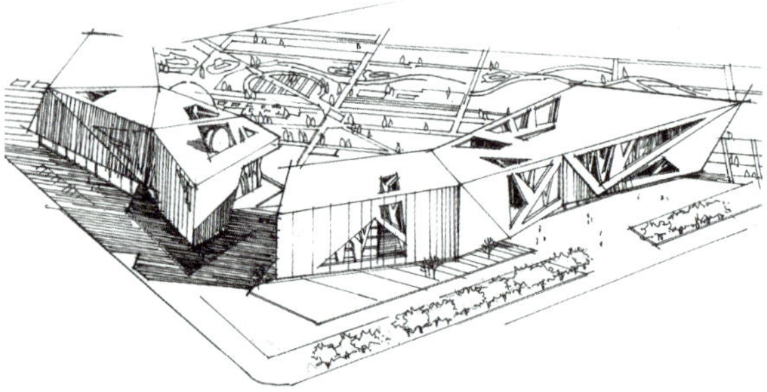

（e）添加细节

←使用斜线条和直线条根据物体的需求，刻画出画面中的明暗变化。其中颜色较深的地方，可以使用线条叠加的方法来表现。

图1-50　鸟瞰群体建筑

1.4　优秀建筑表现作品解析

建筑表现作品是将建筑作为创作设计对象，将地域环境作为背景而进行的设计绘画。在表现过程中，要了解建筑结构、造型和装饰特征。不同地域的建筑与当地人的生活行为、习惯、历史有着密切联系，了解建筑就是了解文化。此外，还要熟悉地域环境特点，其中包括地形、地貌、植被、气候等要素，这些对建筑的形态有着直接影响。当一切都熟悉了，才可开始设计表现。下面列举部分优秀建筑表现作品并进行解析（图1-51～图1-61）。

←烟袋斜街位于北京市地安门外大街鼓楼前，是北京较有名气的文化街，曾留下不少文化名人的足迹。在清末至20世纪30年代，街内以经营旱烟袋、水烟袋等烟具、古玩、书画、裱画、文具及风味小吃、服务行业等为主。建筑构造以木质材料为主，主要采用挺括但不完全平直的线条来表现。同时要细化内部构造，在画面中央形成密集感与强烈的明暗对比层次。

图1-51　北京烟袋斜街建筑

←石堤古镇下码头，位于古镇老街的尽头，卷洞门的下方，始建于宋元时期。明清时期，这里商贾云集，舟船如织，下码头成为当地及周边各县与外界物质交流的重要通道。建筑位于中远景，近景只有台阶，因此要强化台阶两侧的树木构造，将挡土墙、山坡、绿叶混合起来，分层次表现，对每种材质的运笔要有明显区分。

图1-52　石堤古镇建筑

←石蟆古镇于元末建成，至今已有六百多年历史。老街原有400～500米，现保存完好的有300m，街面宽3～4m，用条石铺设而成。沿街左右房屋高低错落，采用不对称方式，不拘一格。建筑外墙表面采用大量短竖线填充，表现出木质建筑的表面纹理与沧桑。不断强化道路两侧近、中景建筑，虚化远景建筑。

图1-53　石蟆古镇建筑

←群组建筑表现主要选取画面中央与中、近景主要建筑，同时强调画面远处高耸的建筑构造，屋顶采用排列密集的笔触提升层次感，墙面除门窗外保持空白，让每一幢建筑都能形成自身明暗对比。

图1-54 西班牙托莱多古城建筑

←古典建筑表现建筑的结构、造型、材质和装饰细部特征，通常采用光影技法对细节进行详细刻画，整个画面中不宜出现过多的灰面，以免暗部和阴影处理影响建筑结构的表达。

图1-55 欧洲古典建筑与街景

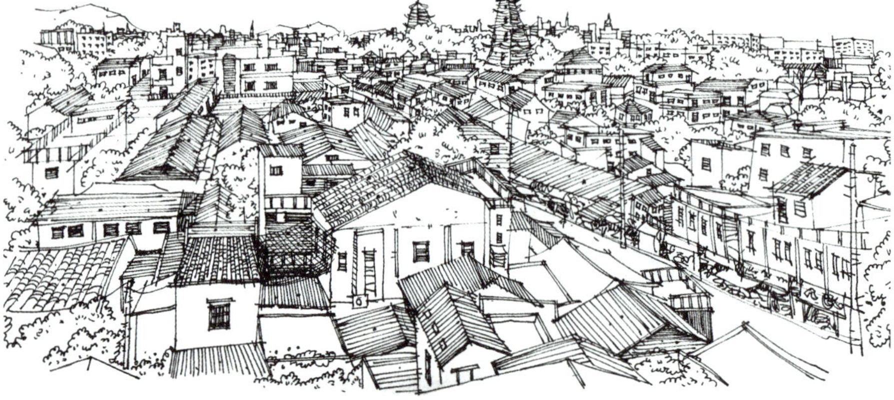

←在处理古城建筑细节时要考虑传统环境空间的特点，不能将单一民居从古城环境中剥离，在画面立意取景和构图组织画面过程中要将古城建筑特征、植被绿化特征、地域民俗风情特征统一起来，不能脱离地域环境的总体。

图1-56 古城建筑鸟瞰

←单体建筑多选用两点透视，能全面表现建筑特征。外墙采用网格线条来强化建筑表面材质，提升明暗对比与层次感，建筑前方的树木对建筑上部构造有所遮挡，让画面具有延伸感。

图1-57　欧洲古典单体建筑

←现代街景建筑注重表现场景的空旷感，视点降低后能表现出建筑的延伸感与道路的宽阔感。采用直尺辅助表现线条，让建筑形体更加挺括，简化表现深暗的细部构造，为后期快题设计着色留有余地。

图1-58　现代街景建筑

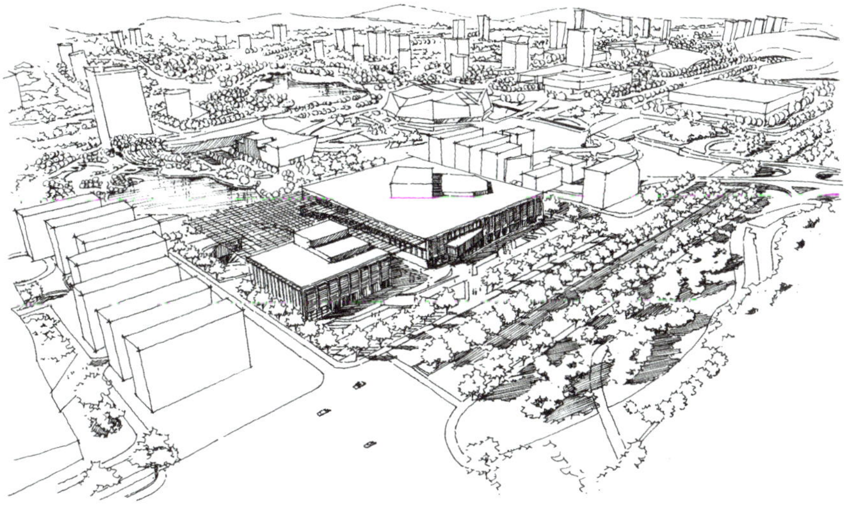

←建筑规划鸟瞰可直接对照照片作画，要求真实、准确地去描绘观察到的对象，熟记周边环境与配景。不仅要真实地表现主体建筑结构、质感与空间关系等，还要反映建筑规划与城市人文环境的关系，使之具有一定艺术意境和审美价值。

图1-59　建筑规划鸟瞰

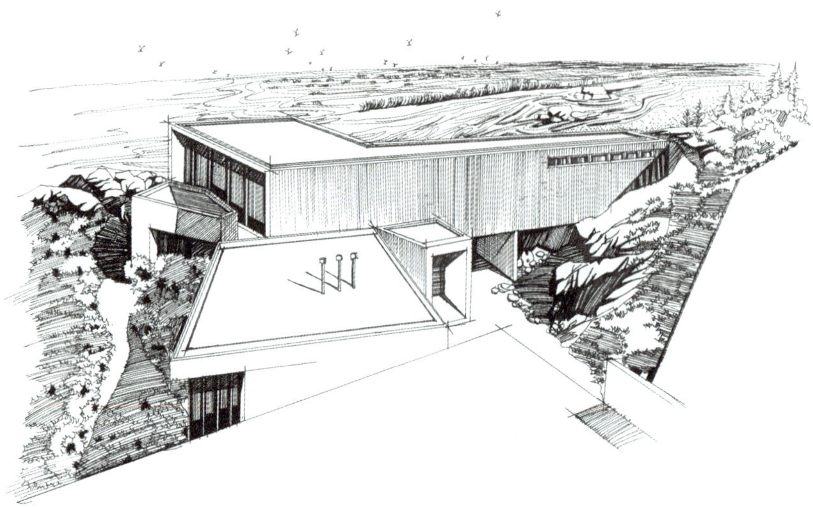

←低视角鸟瞰能表现出部分天空，配合场景需求，在天空留白的同时，还勾画出一群鸟，使得远处的天空给人一种一望无垠的感觉。远处的湿地也会让人联想到鸟类的栖息地，画面一派祥和、洒脱。

图1-60 单体建筑鸟瞰

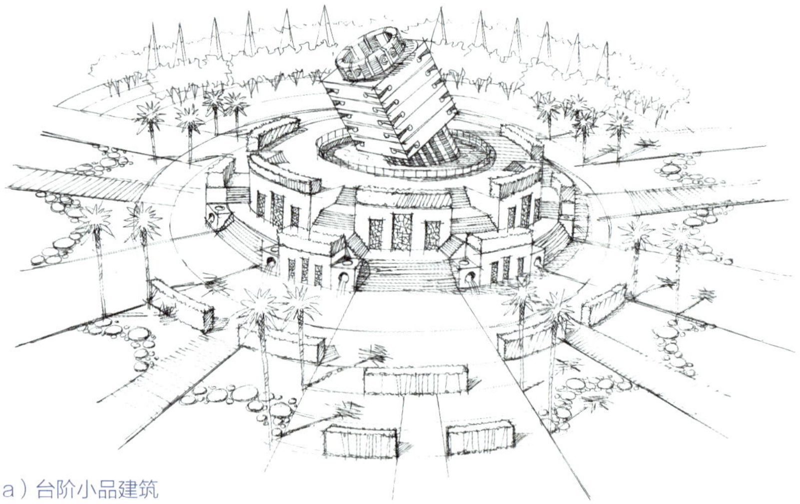

（a）台阶小品建筑

←圆形台阶应注意形体的完整性，在台阶上构造设计外立方体造型，表现出方与圆的对比。广场外围矮墙与中央圆形台阶建筑形成呼应。

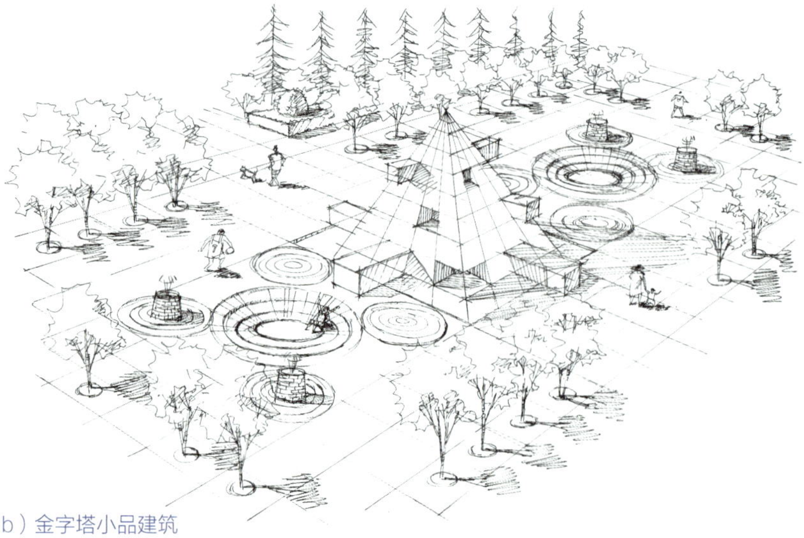

（b）金字塔小品建筑

←对单纯的金字塔造型进行网格化切分，再进行向外、向内拉伸，形成丰富的建筑造型。周边配置下沉式台阶，让建筑布局具有向上、向下的延伸感。

图1-61 建筑广场小品鸟瞰

本章小结

本章主要介绍建筑表现的基础，讲述了建筑表现的基本概念与发展历史。强调了表现特点与意义，列出基础工具，深入讲解了建筑表现的构图审美与绘画方法。列举一批优秀作品解析，分解部分建筑表现作品的绘制方法，让读者基本了解建筑表现，更好更快地提升自身建筑表现水平，为后期学习打好基础。

●课后练习

1. 建筑表现的特点有哪些?

2. 建筑表现的意义是什么? 需要遵循哪些透视原则?

3. 列举5种常用的建筑表现工具，并简述其中1种工具的特点。

4. 画面中主体建筑的位置及比例大小该如何选择?

5. 怎样选取合适的角度及横竖构图?

6. 怎样安排画面中的空间层次?

7. 结构与明暗有关系吗? 如何处理好它们之间的关系?

8. 在本章内容中任意选取几幅竖向和横向构图的建筑钢笔作品，思考作品中的构图形式，并临摹一幅完整的建筑表现作品。

9. 根据文中的写生取景照片，仿照文中的写生步骤和绘图形式，尝试自己画一幅建筑鸟瞰图。

10. 考察当地博物馆或政府机关建筑，给建筑注入中华传统元素或能体现社会主义现代化建筑规划与设计理念，设计一个建筑单体，并使用不同种类的画笔来进行创作，对比观察画面效果。

第2章

建筑快题设计基础

学习难度：★☆☆☆☆

重点概念：建筑设计、规划、考点、难点、备考计划、评分标准

章节导读：快题设计不仅能强化设计者自身的专业素养，同时也能增强其建筑设计知识储备。在正式进行快题设计学习之前，应当详细了解建筑与规划设计相关知识，准确选择考试院校。熟悉建筑与规划设计的评卷标准与历年考点。本章主要介绍建筑设计、规划设计、院校情况分析、考点细节、备考计划、评分标准等内容（图2-1）。

图2-1：快题设计注重建筑的形体轮廓完整，采用直尺来塑造主体轮廓，针对建筑内容细节进行深入刻画，简化周边环境。

图2-1　建筑快题设计稿

2.1　建筑快题设计概述

拥有足够的知识储备才能运筹帷幄，在限定的时间内作出令人满意的答卷，这也是莘莘学子在考前必须具备的一项能力。

2.1.1　建筑设计

建筑设计是通过科学且经济的手段，利用人机工程学、设计美学以及建筑学等知识，来建造和美化建筑物，这个设计过程是建筑与环境相融的过程（图2-2）。

（a）中国国家大剧院

（b）澳大利亚悉尼歌剧院

图2-2　具有创意的建筑

图2-2（a）：现代知名建筑大多为仿生创意造型，将自然界中现存有的且具备审美感的造型加以变化运用，获得大多数人的共性审美认知，这种设计理念可运用到快题考试中，是比较稳妥的创意方式。中国国家大剧院采用卵形构造，给这种最原始的几何造型注入新的寓意与活力。

图2-2（b）：澳大利亚悉尼歌剧院采用风帆造型，与海边地理环境相呼应，成为港口停泊的醒目航标建筑。

1. 概念

建筑设计是在建设建筑物之前，根据建设任务和相关科学理论知识，将施工过程和使用过程中可能产生的问题罗列出来，设想解决方案，并通过图纸和文件的形式展示在公众面前。

2. 设计原则

（1）功能。所设计的建筑能够为公众的工作、活动与生活等提供良好的环境，建筑内部门窗洞的大小、卫生间与楼梯的位置、室内采光面积和通风条件、建筑周边绿植情况等都应当合理化，符合公众的功能使用需求。

（2）规划。总体规划中包含有单体建筑，在设计时要充分考虑单体建筑物与周边建筑、环境的比例关系，建筑所选用的材料和色彩应能与总体规划要求相符合。

（3）美观。要求所设计的建筑具有观赏性，并能赋予公众在精神上的享受。

（4）经济。建筑的建设过程极其复杂，且需耗费人力、物力、资金，设计时要尽可能因地制宜，实现节约化设计。

3. 建筑快题设计

建筑快题设计要遵循整体性、凸显性、准确性、完整性等原则。

（1）整体性。要求能够在有限时间内完成建筑设计与绘制，突出建筑设计的特点。

（2）凸显性。要求图面版式和最后绘制的图面效果能凸显设计的特点和作用。

（3）准确性。要求所绘制的设计内容能准确表达出考题的立意，并符合考题中既定的相关指标和条件。

（4）完整性。要求所绘制的内容在设计上满足考题要求，并通过合理配色和图面布局将建筑设计内容完整展示在公众面前。

2.1.2 规划设计

规划设计是一项同时兼具宏观性和微观性的设计，它是在综合经济、文化、政治、历史、地理环境、气候环境、交通环境以及民俗等多种因素的前提条件下，对某一项目进行有规划、有愿景的设计（图2-3）。

（a）建筑景观规划

（b）建筑群体规划

图2-3 总体规划设计

图2-3（a）：规划设计注重功能轴线，在轴线序列中注入建筑的各功能区，将区域连接为一体，形成具有前后逻辑的功能空间。在快题设计中，应当先设计规划轴线，根据轴线再来分布建筑，让规划中的功能建筑达到有序分配。

图2-3（b）：建筑群体规划以主体建筑为核心，将设计重点集中在主体建筑上，强调建筑的功能，拓展周边间距与道路。如果建筑群体区域面积较大，可设计2～3个主体建筑，选择画面中央的建筑进行表现。

1. 细致分类

根据区域层次的不同，可将规划设计细分为城镇体系规划设计、城市总体规划设计、城市规划设计、镇规划设计以及乡或村规划设计。根据服务类型的不同，可将规划设计分为城镇体系规划设计、村镇规划设计、城市规划设计、居住区规划设计、城镇发展战略规划设计、修建性详细规划设计、控制性详细规划设计、文化古城保护规划设计、风景区规划设计等。

2. 规划设计原则

（1）安全。要求设计能够具备防火、抗震、防爆、防洪、防泥石流等功能，同时还要考虑交通管理、治安管理、防空建设等问题。在设计过程中，还需协调传统与现代、自然景观与人文景观之间的关系。

（2）经济。要求设计能够因地制宜、就地取材、不占良田，减少资源的浪费，在解决设计问题的前提条件下能够合理用地，合理开发。

（3）整合。要求设计能够统筹全局，能够维持建设的文化完整度，能够有长远的发展眼光，能够协调好生活区、商业区、工业区、文教区、娱乐区等之间的关系，并能合理布局。

（4）社会。要求设计能够为公众提供有效的服务，能够促进经济有效发展和科教事业蓬勃发展，同时设计还需注重环境与人之间的和谐性，能够为公众提供舒适、轻松且极具现代化的美好环境。此外，社会原则还要求设计能够重视无障碍环境的营造，要在各建筑入口和商业街区入口设置无障碍通道，以此来促进社会文明的发展。

3. 红线

红线是场地限制中较重要的一部分，这里主要介绍建筑后退红线、用地红线、道路红线等具体内容。

（1）建筑后退红线。用来规定建筑物应该距离城市用地或者距离用地红线的程度，当所建设的高层建筑总高度小于60m时，相邻的支道后退值要大于1.5m，相邻的次干道后退值要大于3m，相邻的主干道后退值则需大于5m；当所建设的高层建筑总高度大于60m时，相邻的支道后退值要大于3m，相邻的次干道后退值要大于5m，相邻的主干道后退值则需大于7m。根据建筑后退红线的相关规定，沿城市快速路段建设的建筑，后退距离要大于20m，沿城市主干道和次干道建设的建筑，后退距离要大于15m，沿城市支路建设的建筑，后退距离要大于10m，沿相邻主要道路建设的建筑，后退距离要大于8m，沿相邻一般道路建设的建筑，后退距离则要大于5m（图2-4）。

（2）用地红线。指建设用地边界线或征地线，这种红线限定了土地使用权的空间界限（图2-5）。

（3）道路红线。指规划城市道路用地的边界线，多成对出现在图纸中，绘制之前需明确城市道路包括城市主干路、城市次干路、城市支路以及居住级道路等，且每种道路用地中都应囊括人行通道、非机动车道、机动车道、绿化带、隔离带、道路岔路口等（图2-6）。

4. 规划快题设计

规划设计快题要求能够在有限的时间内充分表现

★补充要点

快题设计的意义

快题设计可以使设计者的创意与表现达到高度统一，能提升设计创意实施的成功率，增强设计者之间互动与交流，将设计语言展示在图纸上，强化设计的创意性和表现性，能帮助设计者设计出优质且具有特色的空间，同时能将设计意图准确地传达给公众。

快题设计在设计初期是一份较完整的草图，总设计师在草图上尽情发挥创意，不断修改、调整，为正式的方案图与效果图提供设计依据。快题设计在设计中期是解决各种疑难问题的沟通利器，通过快速表现提出多种设计难题的解决方案，为后续深入设计提供执行依据。此外，快题设计在设计总结、施工管理过程中都是必不可少的参考图本。

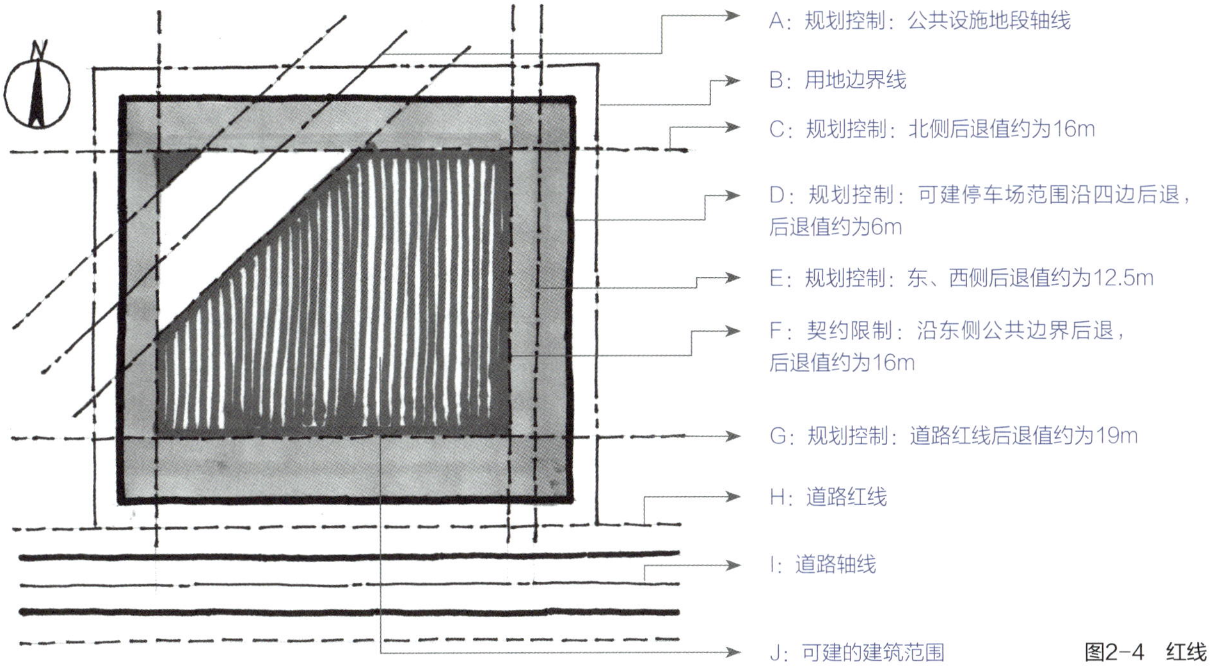

图2-4　红线

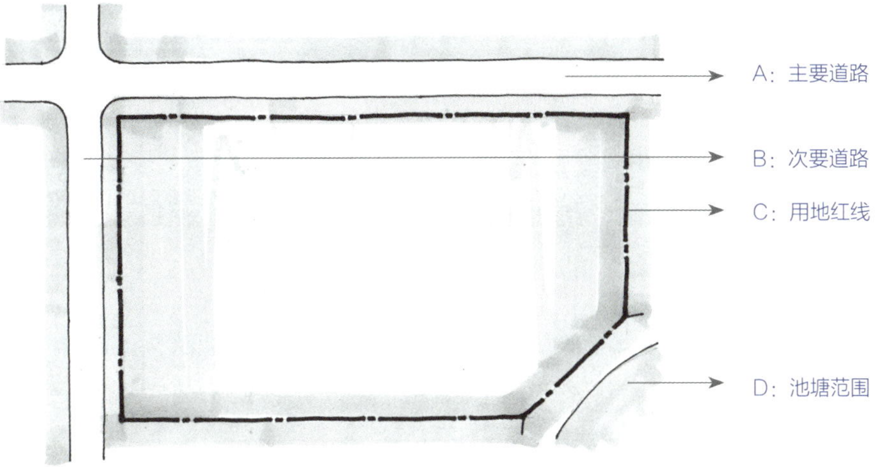

图2-5　用地红线

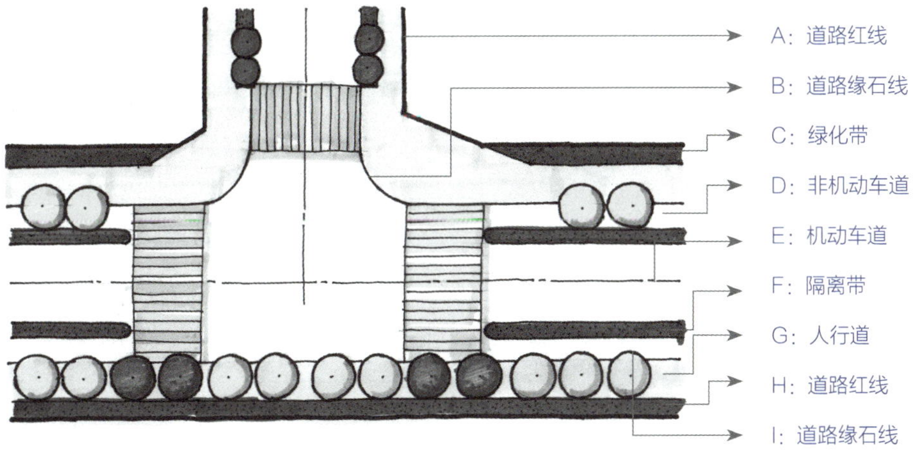

图2-6　道路红线（C～G范围为道路用地范围）

出场地环境的特色，并能合理布局建筑、绿植以及其他配套设施的位置，建筑与河流之间的关系也能够清晰的展现在图纸上，且场地与周边道路之间的关系也清晰、明确，组织交通和空间布局形式也都十分合理（图2-7）。

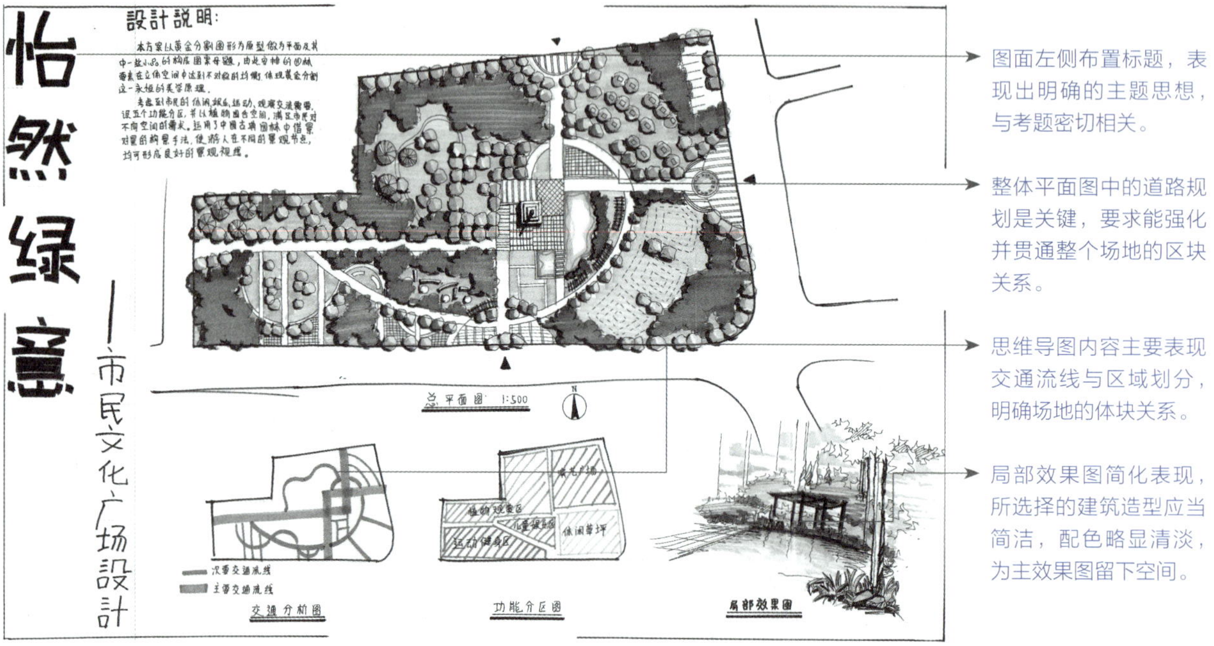

图2-7　快题设计文化广场规划（张辰）

2.1.3　快题设计绘制工具

快题设计绘制所用的工具主要包括纸类工具、笔类工具以及辅助类工具等，现介绍如下（表2-1）。

表2-1　建筑设计表现工具一览

类别		图示	特点
纸类工具	普通打印纸		普通打印纸也指复印纸，多用于快题设计线稿绘制，质地有薄有厚，色彩的穿透度比较高，主要采用草浆和木浆纤维制作而成，规格有A0、A1、A2、A4、A5、B1、B2等
	马克笔专用纸		马克笔的渗透性比较强，使用马克笔进行产品的快题表现时应当选择马克笔专用纸，这类纸张笔触柔和清楚，色彩还原度比较好，且色彩不会轻易穿透纸张，实用性比较强

续表

类别		图示	特点
纸类工具	珠光纸		珠光纸不会出现扩墨现象，但表面容易摩擦变色，使用铅笔在其表面绘制时应当轻画轻擦，如使用马克笔在其表面进行着色稿的绘制时，应待底层色彩干透后再进行面层上色
	卡纸		卡纸质地较硬，表面比较平滑，色彩不会轻易渗透，挺括感比较好，白卡纸绘制时要注意处理好扩墨的问题
	透明纸		分为描图纸、白色拷贝纸和黄色拷贝纸，这类纸张质地比较薄，一般呈现半透明状，目前使用频率较低
笔类工具	铅笔		铅笔多用于快题设计线稿绘制，铅笔笔芯的质地从硬到软有不同的硬度等级，其中2H和H型比较适合绘制底稿，铅笔绘制时需注意运笔的方向，画水平线为从左到右，画垂直线为从下到上，作图过程中，运笔应均衡，保持稳定的运笔速度和用力程度，避免划伤纸面
	彩铅	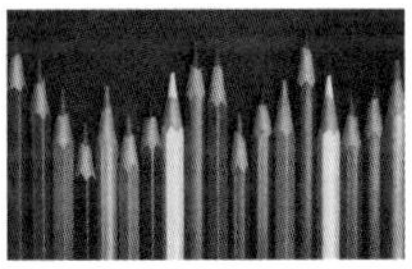	彩铅可分为蜡质彩铅和水溶彩铅，前者色彩丰富，拥有比较特别的表现效果，后者很难形成平润的色层，且容易形成色斑。水溶性彩铅应用最广，能均匀排列出铅笔线条，可根据需要进行色彩叠加，以达到变化效果，将彩铅线条与适量水融合，以达到退晕，获取不同层次感的效果
	马克笔	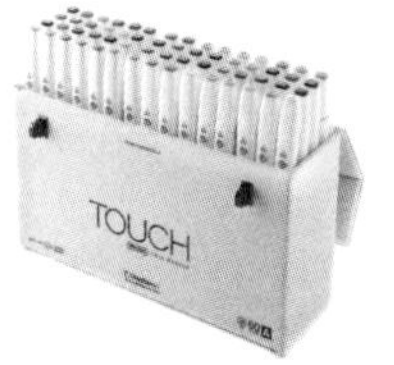	马克笔可用于快题设计图稿上色，可分为油性马克笔、水性马克笔、酒精性马克笔。不同品牌的马克笔有不同的特点，触感和上色的效果也不同
	高光笔		又为白色笔，这种笔可用于提亮画面局部的亮度，能有效增强画面的明暗对比度，适用于效果图表现图稿，使用方法与中性笔一致，多用于画面色彩较深的区域，适用于小面积点涂
	针管笔	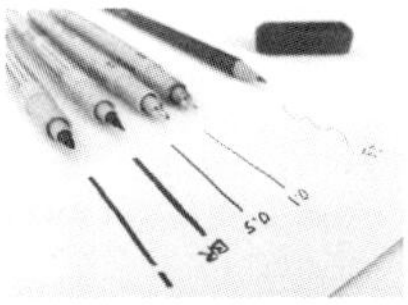	针管笔是指带有通针的绘图笔，这种笔拥有比较好的墨色饱满度，笔宽精度也较好，使用针管笔绘制快题设计图稿时一定要确保笔尖垂直于纸面

续表

类别		图示	特点
其他工具	涂改液		涂改液的作用和高光笔一样，不同的是涂改液可大面积涂绘，也可用于在反光、透光以及高光部位点绘，覆盖有涂改液的区域不可再次使用马克笔或彩色铅笔着色，否则会毁坏画面的美观度和完整度
	橡皮	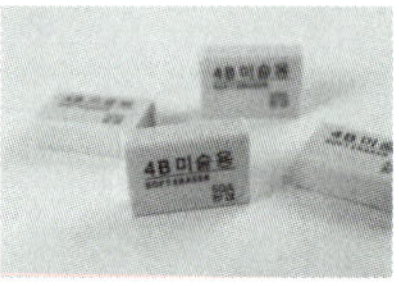	根据材质的不同可将橡皮划分为软质橡皮、硬质橡皮、可塑橡皮，其中软质橡皮的使用频率最高，适用于擦除线条痕迹比较浅的铅笔轮廓；硬质橡皮也常有使用，适用于擦除纸面有被手指摩擦污染或线条痕迹略深的部位；可塑橡皮灵活性比较强，可用于减弱彩色铅笔在纸面上绘制的密集线条痕迹
	尺规	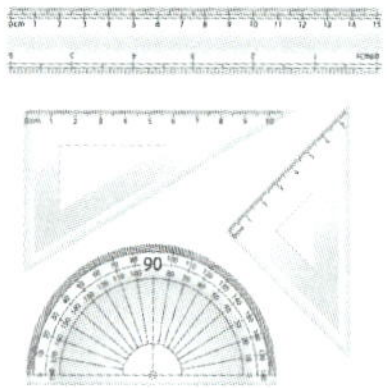	尺规根据形状和用途的不同可细分为直尺、三角尺、丁字尺、比例尺以及平行尺等，一般直尺可用于绘制线段较长的透视线；三角尺可用于绘制比较常规的细节和构造；丁字尺可用于帮助定位水平线；比例尺可用于绘制彩色平面图中的精确数据；平行尺则可用于绘制具有连续性的常规构造线

2.1.4 参考资源

在快题设计备考之前，考生不仅要熟读专业科目书籍，还需阅读一些与专业相关的外文翻译书籍，这类书籍可以扩展设计思维，对设计水平的提升很有帮助。此外，还可通过网络资源寻找相关的设计资料，在相关网站上收集不同院校历年来发布的快题设计考试题目，可下载阅读并进行模拟测验（图2-8）。

图2-8：可在考研帮、考研网、百度文库、搜狐网、新浪网、筑龙网以及各大院校对应专业的考研贴吧内寻找相关考研资料，在相关网站上还会有高分学子发表的相关考研经验。

图2-8 考研相关网站

2.2　选择合适的院校

了解考试院校的信息是十分重要的部分，合适的院校才能最大限度地提高考生的专业水平和专业素养，才能更好地提高考生的核心竞争力。下面以表格的形式介绍部分建筑类院校与综合类院校的相关考试信息，具体信息仅供参考（表2-2）。

表2-2　建筑与规划设计院校导航一览

院校名称	院校地点	校徽	考研专业	招生院系	专业课一	专业课二
清华大学	北京		（专业学位）085100建筑学	（000）建筑学院	355建筑学基础	511建筑设计（6小时）
			（专业学位）085300城市规划		356城市规划基础	512城市规划设计（6小时）
北京交通大学	北京		081300建筑学	（011）建筑与艺术学院	355建筑学基础	501建筑快题设计（6小时）
			083300城乡规划学		502城市规划快题设计（6小时）	614城市规划理论
北京工业大学	北京		081300建筑学	（012）建筑与城市规划学院	355建筑学基础	504建筑学术快速设计
			083300城乡规划学		503城乡规划设计（学术）	633城乡规划管理
北方工业大学	北京		081300建筑学	（005）建筑与艺术学院	541建筑设计（6小时）	641建筑历史与理论
			083300城乡规划学		542城市规划设计（6小时）	642城市历史与理论
北京建筑大学	北京		081300建筑学	（001）建筑与城市规划学院	355建筑学基础	501建筑设计快题（6小时）
			083300城乡规划学		502城市规划设计快题（6小时）	610城市规划学基础
中央美术学院	北京		081300建筑学	（007）建筑学院	712建筑设计	812设计基础
			083300城乡规划学		713城市设计	813设计基础
河北工程大学	邯郸		081300建筑学	（001）建筑与艺术学院	501快题设计（6小时）	610建筑综合

续表

院校名称	院校地点	校徽	考研专业	招生院系	专业课一	专业课二
河北工业大学	天津		081300建筑学	（023）建筑与艺术设计学院	501建筑设计	731建筑理论综合
			083300城乡规划学		502城乡规划与设计	732城市规划理论综合
河北农业大学	保定		083300城乡规划学	（008）城乡建设学院	501规划设计（6小时）	703城市规划原理及中外建筑史
天津大学	天津		081300建筑学	（206）建筑学院	513建筑设计（6小时）	728建筑理论综合
			083300城乡规划学		732城乡规划基本理论与相关知识	903城乡规划务实
天津城建大学	天津		081300建筑学	（001）建筑学院	501建筑设计A（6小时）	611建筑理论综合
			（专业学位）085100建筑学		355建筑学基础	501建筑设计A（6小时）
			083300城乡规划学		502城市规划设计（6小时）	612城乡规划理论知识
太原理工大学	太原		081300建筑学	（006）建筑与土木工程学院	501建筑与室内设计（6小时）	706建筑理论综合
			083300城乡规划学		502城市规划设计（6小时）	706建筑理论综合
内蒙古工业大学	呼和浩特		081300建筑学	（014）建筑学院	501快速设计（6小时）	615建筑知识综合
			（专业学位）085100建筑学		355建筑学基础	501快速设计（6小时）
			083300城乡规划学		502城规快速设计（6小时）	616城乡规划知识结合
同济大学	上海		（专业学位）085300城乡规划学	（010）建筑与城市规划学院	356城市规划基础	447城市规划相关知识
			（专业学位）085100建筑学		355建筑学基础	803建筑设计

续表

院校名称	院校地点	校徽	考研专业	招生院系	专业课一	专业课二
上海交通大学	上海		081300建筑学	（430）设计学院	612理论综合	806设计综合
青岛理工大学	青岛		081300建筑学	（003）建筑与城乡规划学院	355建筑学基础	807建筑设计（3小时）
			083300城乡规划学		501城市规划设计（6小时）	701城乡规划理论综合
			（专业学位）085100建筑学		355建筑学基础	807建筑设计（3小时）
山东建筑大学	济南		081300建筑学	（005）建筑城规学院	552建筑设计（一）（6小时）	750建筑史论
			083300城乡规划学		356城市规划基础	447城市规划相关知识
烟台大学	烟台		081300建筑学	（017）建筑学院	355建筑学基础	550建筑设计基础（快题，6小时）
南京大学	南京		081300建筑学	（036）建筑与城市规划学院	355建筑学基础	843中外建筑历史与理论
			083300城乡规划学		356城市规划基础	447城市规划相关知识
苏州大学	苏州		081300建筑学	（022）金螳螂建筑学院	501快题设计与表现Ⅰ	630设计基础Ⅰ
			0834Z2城乡规划与环境设计		502快题设计与表现Ⅱ	636设计基础Ⅱ
东南大学（苏州）	苏州／南京		081300建筑学	（001）建筑学院	503建筑设计基础（6小时）	713建筑学综合
			083300城乡规划学		505规划设计基础（6小时）	732城市规划原理
浙江大学	杭州		（专业学位）085100建筑学	（120）建筑工程学院	355建筑学基础	501建筑设计快题（6小时）
			（专业学位）085300城市规划		356城市规划基础	446城市规划设计

续表

院校名称	院校地点	校徽	考研专业	招生院系	专业课一	专业课二
浙江工业大学	杭州		081300建筑学	（006）建筑工程学院	506建筑设计	676建筑学专业基础
			083300城乡规划学		505城乡规划设计	675城乡规划原理
中国美术学院	杭州		081300建筑学	（010）建筑艺术学院	355建筑学基础	550建筑与城市专业理论
南昌大学	南昌		081300建筑学	（011）建筑工程学院	501建筑设计基础	638建筑基本知识（含建筑构造、中外建筑史）
合肥工业大学	合肥		081300建筑学	（008）建筑与艺术学院	503建筑设计与表现（6小时）	721设计基础理论（一）
			083300城乡规划学		505规划设计与表现（6小时）	723规划设计基础理论
安徽理工大学	淮南		081300建筑学	（003）土木建筑学院	355建筑学基础	501建筑设计与表达（快题6小时）
安徽建筑大学	合肥		081300建筑学	（002）建筑与规划学院	355建筑学基础	501建筑设计
			083300城乡规划学		502城市规划快题设计	城市规划原理
福州大学	福州		081300建筑学	（015）建筑学院	511建筑设计快题	626建筑学基础（自）
			083300城乡规划学		512规划设计快题	627城乡规划基础
郑州大学	郑州		081300建筑学	（024）建筑学院	355建筑学基础	501建筑学快速题设计
			083300城乡规划学		505城乡规划快速设计	681城市规划原理

续表

院校名称	院校地点	校徽	考研专业	招生院系	专业课一	专业课二
河南工业大学	郑州		081300建筑学	（004）土木建筑学院	501建筑设计（快题6小时）	854城市规划原理
武汉大学	武汉		081300建筑学	（209）城市设计学院	355建筑学基础	916建筑设计（3小时）
华中科技大学	武汉		081300建筑学	（220）建筑与城市规划学院	355建筑学基础	502建筑设计（6小时快题）
			083300城乡规划学		356城市规划基础	503规划设计（6小时快题）
武汉理工大学	武汉		081300建筑学	（006）土木工程与建筑学院	355建筑学基础	504建筑设计（6小时）
			083300城乡规划学		505城市规划设计（6小时）	628城市规划原理
湖北工业大学	武汉		081300建筑学	（005）土木建筑与环境学院	355建筑学基础	856建筑历史
湖南大学	长沙		081300建筑学	（004）建筑学院	355建筑学基础	501建筑设计（6小时）
			083300城乡规划学		356城市规划基础	502城市规划设计（6小时）
中南大学	长沙		（专业学位）085100建筑学	（013）建筑与艺术学院	355建筑学基础	990建筑设计（3小时）
			（专业学位）085300城乡规划学		356城市规划基础	446城市规划设计
长沙理工大学	长沙		081300建筑学	（017）建筑学院	501建筑设计（6小时快题）	701建筑历史

续表

院校名称	院校地点	校徽	考研专业	招生院系	专业课一	专业课二
南华大学	衡阳		083300城乡规划学	（021）建筑学院	691城乡规划基础/692建筑学理论综合	896快题设计
华南理工大学	广州		081302建筑设计及其理论	（102）建筑学院	355建筑学基础	501建筑设计（快题）
			083300城乡规划学		356城市规划基础	502城市规划设计（快题）
深圳大学	深圳		081300建筑学	（010）建筑与城市规划学院	502建筑设计或建筑物理（6小时）	722建筑专业知识
			083300城乡规划学		503城市规划与城市设计（6小时）	723城市规划与设计专业知识
广州大学	广州		081300建筑学	（009）建筑与城市规划学院	511建筑设计与表现（6小时）	617中外建筑史
			083300城乡规划学		512规划设计与表现（6小时）	614城乡规划学综合
广东工业大学	广州		081300建筑学	（010）建筑与城市规划学院	612建筑历史与建筑构造	855建筑设计（快题）
			083300城乡规划学		619城市规划原理	864城市规划设计（快题）
桂林理工大学	桂林		083300城乡规划学	（004）土木与建筑工程学院	639城市规划原理	831规划设计基础（快题，3小时）
西北大学	西安		083300城乡规划学	（022）城市与环境学院	638城市规划基础（含道路交通规划和市政工程规划）	838城市规划原理
西北工业大学	西安		081302建筑设计及其理论	（006）力学与土木建筑学院	355建筑学基础	871建筑设计原理及城市规划原理

续表

院校名称	院校地点	校徽	考研专业	招生院系	专业课一	专业课二
西安建筑科技大学	西安		081300建筑学	（003）建筑学院	355建筑学基础	501建筑设计（6小时快题）
			083300城乡规划学		356城市规划基础	502规划设计（6小时快题）
长安大学	西安		081300建筑学	（011）建筑学院	615建筑设计原理及建筑历史	836建筑设计快题（3小时）
			083300城乡规划学		611城乡规划原理及城市建设史	850规划设计快题（3小时）
兰州交通大学	兰州		083300城乡规划学	（018）建筑与城市规划学院	501城市规划设计（6小时）	612城市规划原理
重庆大学	重庆		081300建筑学	（015）建筑城规学院	501建筑设计（6小时）	622建筑理论
			083300城乡规划学		502城市规划设计（6小时）	623城市规划理论
四川大学	成都		081300建筑学	（305）建筑与环境学院	501建筑设计（6小时）	615建筑历史与技术
			083300城乡规划学		502城市规划设计（6小时）	616城乡规划基础
西南交通大学	成都		081300建筑学	（008）建筑与设计学院	355建筑学基础	511建筑设计快题（6小时）
			083300城乡规划学		512规划设计快题（6小时）	640城乡规划理论
西南科技大学	绵阳		083300城乡规划学	（106）土木工程与建筑学院	501城市规划设计（6小时）	616城市规划原理
云南大学	昆明		083300城乡规划学	（022）建筑与规划学院	647城市规划基础（自命题）	873城市规划相关知识（自命题）

续表

院校名称	院校地点	校徽	考研专业	招生院系	专业课一	专业课二
沈阳建筑大学	沈阳		081300建筑学	（001）建筑与规划学院	355建筑学基础	501建筑设计与表达（6小时）
			083300城乡规划学		502城市规划设计（6小时）	701城乡规划基础
大连理工大学	大连		081300建筑学	（160）主校区建筑与艺术学院	355建筑学基础	501建筑设计
			083300城乡规划学		502规划设计	623城市规划原理

2.3 快题设计难点和考点

一份优质的快题设计必定有着丰富且全面的设计方案，所绘制的内容也应当能够清晰且深刻地阐明考题立意。

2.3.1 切合主题

1. 方案设计

方案设计的过程是分析命题和设计构思的过程，这个过程主要考察的是考生的形态设计能力、空间布局能力以及设计表达能力等。方案设计的难点在于考生是否能够参透考题要求，是否能够通过空间布局和设计内容的细致刻画来解决好考题中所要求的设计问题以及是否能够设计出更具创意性和实用性的方案等。

2. 设计表现

设计表现主要考察的是考生的手绘能力和对色彩的把控能力，它要求考生能够清晰、明确地绘制出与考题内容相关的设计图纸，包括平面图、立面图、剖面图以及效果图等，并能附上相应的文字说明。设计表现的难点在于考生在绘制时是否能够确保快题图稿比例、构图、透视以及空间尺度等方面的准确度，图稿主次是否分明以及配景绘制是否生动、形象等（图2-9）。

（a）横向展开　　（b）竖向叠加

图2-9 建筑线稿图

图2-9（a）：建筑设计方案要表现出结构与形体的特殊性，在符合大众审美的前提条件下表现出丰富的特征。表现建筑形体可以通过横向展开、竖向叠加来形成美感。横向展开表现出建筑宏伟的气势，竖向叠加表现出紧凑、精致的造型。

图2-9（b）：表现建筑气势与环境氛围，可以竖向展开，并对建筑相互叠加，搭配树木等配景对建筑进行衬托。

2.3.2　合理规划考试时间

对时间的规划和控制主要考察的是考生是否具备一个良好的时间观念，是否能够根据自身的学识合理的分配考试时间。

在考前，考生需要做到的是如何根据设计方案分时间段的进行设计内容的绘制。在下笔之前，必须明确设计草图和具体的设计方案，并注意预留出最后审查和完善的时间（表2-3～表2-5）。

表2-3　8小时考试时间分配表

工作内容	用时/分钟
审题、构思	20
绘制结构草图	20
绘制一草图	40
绘制二草图	40
绘制正式平面图	120
绘制分析图	30
绘制表现图	60
文字书写	20
深化具体表现图	100
整体调整	30

表2-4　6小时考试时间分配表

工作内容	用时/分钟
审题、构思	10
绘制结构草图	15
绘制一草图	30
绘制二草图	30
绘制正式平面图	100
绘制分析图	20
绘制表现图	50
文字书写	15
深化具体表现图	70
整体调整	20

表2-5　3小时考试时间分配表

工作内容	用时/分钟
审题、构思	5
绘制结构草图	10
绘制一草图	10
绘制二草图	10
绘制正式平面图	50
绘制分析图	10
绘制表现图	30
文字书写	10
深化具体表现图	35
整体调整	10

2.4　制定备考计划

备考计划存在的目的是帮助考生系统化地熟悉考研流程，有计划性和逻辑性的备考计划能够督促考生积极备考。

2.4.1　制定学习计划

下面将以表格的形式介绍考研备考计划的具体内容，注意该内容仅供参考，具体需根据每个人自身的学习能力来定（表2-6、表2-7）。

表2-6　考研时间规划

时间		规划的内容
第一年	1月	确定好考研专业，搜集考研相关信息，可适当听一些免费讲座，加深对考研的认识
	2月	多听一些讲解考研具体形势的讲座，开始制定学习计划
	3月	全面了解报考专业的相关信息，如报考难度、报考分数线以及考试题型等
	4～5月	第一轮复习，不仅要注重基础理论知识的学习，还要增加手绘操作能力的训练，大量临摹优秀作品，建立一套正确的快题设计观念，从优秀作品中寻找、总结出模板并进行深化设计

续表

时间		规划的内容
第一年	6月	网上搜寻与考研考试大纲有关的资料，适当购买辅导用书，或选择报班学习
	7~8月	第二轮复习，开始刷题，要注重对考题题型的研究，并反复研究错题，争取可以在模拟试卷中获取高分，手绘方面的练习也应当提高难度，可选择历年来的真题进行模拟答题，这样也能加深对产品设计的理解，选择不同设计主题进行快题设计绘制
	9月	密切关注各招生单位的招生简章和专业计划，购买对应书籍，了解清楚关于专业课的考试信息，包括考试地点、考试时间等
	10月	第三轮复习，归纳、总结，了解透彻自身学习情况，并准备报名
	11月	明确现场报名时间，并现场确认报名，继续第三轮复习，这一阶段要加强专业知识的学习和手绘操作能力方面的训练，要学会举一反三，能够发散性的理解考题，并有足够的信心可以通过考试
	12月	考前整理与考前冲刺，要有比较强的心理素质，熟悉考试环境，调整好考试心态，准备初试
第二年	2月	查询初试成绩
	3月	密切关注复试所需的分数线，并制定相应的计划
	4月	调整好心态，联系好招生院校，准备复试
	5月	查询复试成绩，准备迎接未来的研究生生涯

表2-7 时间规划周计划参考表

周目标：固定完成一定量的快题设计，并学习和记忆设计理论、设计史等知识点							
时间	×月×日	×月×日	×月×日	×月×日	×月×日	×月×日	×月×日
	星期一	星期二	星期三	星期四	星期五	星期六	星期日
7：00~9：00	建筑单体练习	绿化单体练习	建筑单体练习	其他配景练习	建筑单体练习	创意过程图练习	建筑单体练习
9：00~12：00	建筑透视练习	绿化场景练习	建筑透视练习	人物车辆练习	建筑透视练习	设计说明、标题文字练习	建筑透视练习
13：00~15：00	快题设计临摹	设计理论/设计史	快题设计临摹	设计理论/设计史	快题设计临摹	设计理论/设计史	快题设计临摹
15：00~18：00	快题设计创作	设计理论/设计史	快题设计创作	设计理论/设计史	快题设计创作	设计理论/设计史	快题设计创作
19：00~21：00	英语	政治	英语	政治	英语	政治	英语

2.4.2 专业理论知识学习

专业理论知识的学习主要包括理论知识备考、创意理论知识备考以及创意设计备考，复习时要有针对性。专业理论科目设计理论科目根据不同学校要求来设定，主要为设计理论与设计史两种类型，这两类课程根据招考学校与专业特征来选择，部分院校会将建筑表现与快题设计的题目融入这两门课程中。如果将建筑表现与快题设计单独作为一门考试科目，那么在设计理论与设计史中，只会选择考一门。

1. 设计理论

考试题型主要为选择题、填空题、名词解释题、简述题、分析论述题等题型，部分院校会在简述题、分析论述题中注入设计表现的要求。重点在于基础设计理论知识的积累和对设计规范的灵活运用，可利用手机软件或小程序刷题来强化练习，一定要多做题，可设置难题、错题集或将部分词巧妙的句子摘录在笔记本上，以供考试时采用。

2. 设计史

考试题型与设计理论相当，同样，部分院校会在简述题、分析论述题中注入设计表现的要求。重点在于基础内容是否熟记于心，可通过反复刷题的方式来深刻记忆知识点，如有空余的时间也可多关注时事新闻，了解相关时事。

除了上述两门专业理论考试类型外，部分专业可能会有3～4门，需要在考前前往招考院校咨询并做好备考。备考重点在于分门别类地复习，并根据相关知识点与建设逻辑性比较强的知识构架，通过反复刷题来深刻记忆考点。部分院校的招考科目为创意设计，这也就是快题设计，备考重点在于手绘操作能力的训练，要重视对历年考试真题的研究和分析，并临摹优秀快题图稿，从中吸取绘制经验。

★补充要点

快题设计的思维方式

快题设计图稿中要表现出较强的空间意识，可运用不同设计元素来塑造不同的功能区。例如，利用不同高低的植物做围合空间；利用竖向地形或竖向台地做空间分隔；利用不同结构的纹理来分隔空间；利用建筑小品或构筑物围合空间等。

2.5　快题设计评分标准

本节主要讲解快题设计的评分标准，能够获取高分的快题设计作品应当同时具备美观性、可行性及可读性。

美观性要求快题图稿中设计的内容要能满足形式美和结构美的要求；可行性要求快题图稿中设计的内容要能具备一定的现实价值，并能付诸实践，且评卷老师能一眼看懂设计的内容；可读性则要求快题图稿中设计的内容要能满足公众日常需要，且必须紧扣考题要求（图2-10）。

↓优质设计作品从基础线稿上就能看出优势，加强黑、白、灰之间的对比，丰富层次，为后期着色打好基础。

（a）强化明暗对比

↓如果考试时间紧张，那么最基础的线条结构要表现清晰，主要形态轮廓的边缘转角线条要交错。

（b）强化线条结构

图2-10　具备现实意义的建筑线稿图

2.5.1 评分标准

每所学校快题设计试卷的评分标准大同小异，一般可以分为四轮。

第一轮为海选轮，即浏览所有试卷，并选择出在视觉表现上相对较差与备选方案表现能力较差的试卷，将其放入不及格的一类试卷中。

第二轮为分档轮，即根据卷面情况将剩下的试卷分为A、B、C、D四档。

第三轮为细化轮，即将之前分档的试卷再次进行划分，分为上、中、下三个级别，以字母加符号的形式标明，如A+、A等。

第四轮为评分轮，即对试卷评分，分数可有1~2分的差值（表2-8）。

2.5.2 评分要求

理想中的高分答卷应当卷面整洁、内容创新，且画面视觉感和色彩协调度都赏心悦目，所绘制的内容以及版面布局等都符合评卷老师的评分标准要求。

1. 画面主次需分明

主次分明的快题图稿更能凸显出绘图者的设计水平，在图稿中，要能清晰地表现出空间布局的主次关系，包括绿化的主次对比、色彩的主次对比、道路系统的主次对比、水景的主次对比以及建筑的主次对比等。此外，不同层级的建筑以及道路等都应当有所区别，例如，建筑要分为高层建筑、中层建筑、低层建筑等；道路系统要分为一级道路、二级道路、三级道路、一级小园路等。

2. 保持卷面的整洁性

为了在众多答卷中脱颖而出，绘制所选用的线条应当能够明确地表现出设计元素的轮廓特色，绘制要分清轻重，卷面不仅要整洁，设计说明还需字迹清晰、紧扣考题，并能条理清晰地阐明设计意图和期望，符合“抓大放小”原则，用词、用语等都应规范化。

3. 凸显思维能力

快题答卷要能表现出考生强大的逻辑思维能力，要能通过有序的内容布局和对设计元素的色彩、材质、功能、透视以及比例等的细致刻画来凸显设计方案所具备的经济价值和现实意义，这也能从侧面凸显该份快题答卷的闪光点（图2-11）。

4. 彰显设计造型能力

细致刻画建筑物的形态与周边配景的轮廓能彰显考生的设计造型能力，通过对色彩的合理搭配来凸显出自身的色彩审美水平。

表2-8 快题设计试卷评分标准

分档	分数	卷面情况
A+	135	完成考题要求绘制的内容，且图面丰富，相当扣题，图中各功能结构十分合理，图面没有错误，设计手法运用娴熟，设计思想十分新颖，图纸所呈现的视觉效果十分不错
A	120~134	完成考题要求绘制的内容，且图面丰富，相当扣题，图中各功能结构十分合理，图面没有错误，设计手法运用娴熟
B	105~119	完成考题要求绘制的内容，且图面丰富，相当扣题，图中各功能结构相对比较合理，图面有少量错误，设计手法运用一般，图面效果尚可
C	90~104	完成考题要求绘制的内容，且图面丰富程度一般，但与考题基本相符，图中各功能结构较合理，图面错误之处较多，设计手法运用生疏
D	90	没有完成考题要求绘制的内容，且图面内容较少，与考题相悖，图中各功能结构也不合理，图面错误和硬伤较多，表现效果也不佳，存在词不达意和图不达意的情况

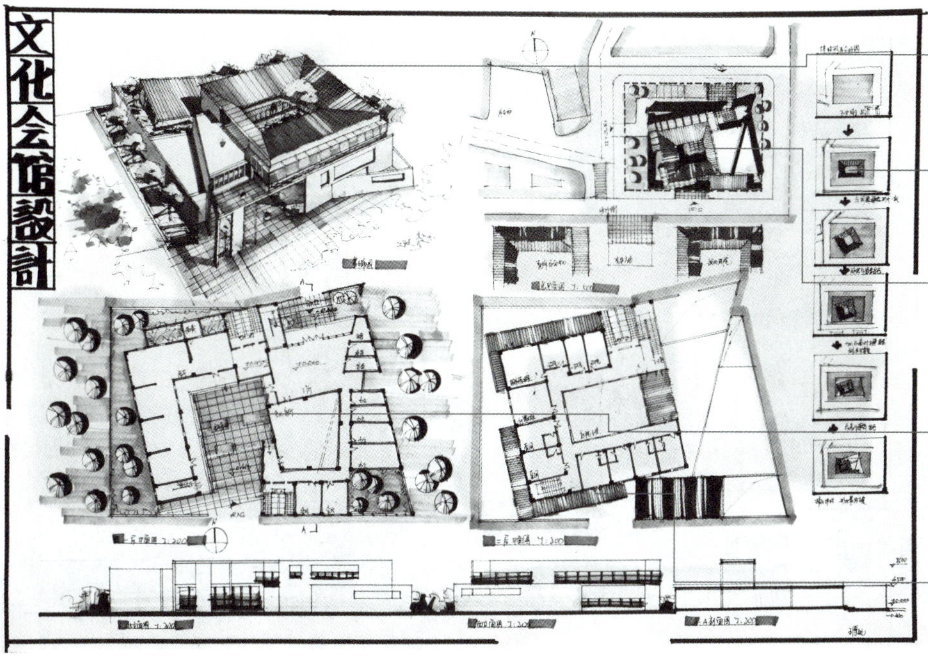

图2-11　快题设计文化会馆（王博航）

5. 重视细节

（1）线条。应当主次分明，不同区域的线条粗细应当有所变化，杂线数量要控制好，线条和线条之间的连接也应当流畅，无明显断点。此外，快题答卷中不同功能分区内的不同设计元素也应当根据不同的重点细节部位选择不同深浅度的线条。

（2）透视感。能明确地表现出绘制所应用的透视方法，要能凸显出设计元素在二维平面图纸上的立体感，要能利用透视感来丰富画面层次，且不同方向上的光源对空间内部元素产生的透视影响也应当能够清楚地表现出来。

（3）图纸设计感。能够表现出设计感，所绘制的内容要能够凸显时代特色，要能结合现代文明和时代潮流，要能在色彩、质感以及图面布局上凸显出设计的创新感。

（4）标注。包括文字标注、尺寸标注及设计说明，其中设计说明同样也有主次之分，注意说明文字要能紧扣考题，字迹要清晰、美观，一般尺寸标注只做简要的说明。

（5）配色。要具备整体性和独特性，整体性在于配色方案要能营造一种舒适感，不同设计元素之间的色彩能够相互融合；独特性在于所运用的色彩能够清楚地表现出设计元素的表象意义和材质特征（图2-12）。

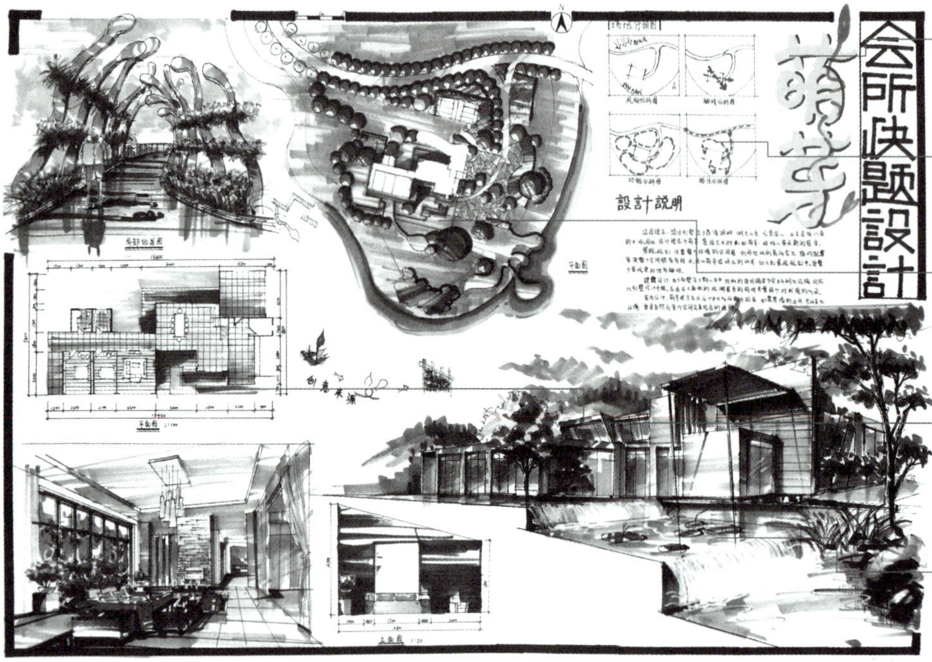

图2-12 快题设计会所

本章小结

本章主要介绍了快题设计考试的基础知识，介绍建筑与规划快题设计的基本概念，讲解了建筑设计、规划设计的考试知识要点，列出绘图工具与报考学校信息，指出快题设计考试备考计划与评分标准。强调考试基本常识，提升读者、考生的认知水平，为快题设计练习打好基础。

●课后练习

1. 建筑设计与规划设计的原则分别是什么？两者之间有哪些异同？
2. 详细描述红线的定义与内容？
3. 购置两种品牌的马克笔，比较特性差异，熟悉马克笔性能。
4. 快题设计评分标准是什么？
5. 根据准备报考的院校或即将参加的考试，明确考试内容与选题方向，查找一幅快题设计作品临摹。

第3章

线稿快速表现

学习难度：★★☆☆☆

重点概念：基础画法、透视原理、体块、门窗、单体植物、配景、成图表现、规划表现

章节导读：线稿在一定程度上限定了设计内容和设计总体框架，它利用线条可变的特点将设计元素的轮廓、形态等生动、形象地展示在公众面前，它的存在是为快题设计着色稿服务的。本章将通过介绍基本线条的表现技法，透视的原理，几何体、体块、建筑门窗、单体植物、配景等的绘制以及成图表现和规划表现的具体内容来阐明绘制线稿时应注意的相应事项（图3-1）。

图3-1　建筑线稿

图3-1：要提升线稿的表现速度，可以在图中确定单一的运笔技法，如垂直线，对建筑背光部进行填充覆盖，能增加建筑的体积感与重量感。

3.1　基本线条表现

线稿绘制中会运用到的基本线条主要有直线、曲线和乱线，灵活地运用这些线条能够更立体地表现出设计对象的形态特征，绘制时一定要注意用笔姿势的正确性。

3.1.1　正确握笔

正确的握笔姿势应当使绘图笔处于与纸面较垂直的状态，正式绘制时应将小指置于纸面上，以小指为绘制支撑点，然后有角度地压低笔身，开始绘制线条。一般绘制不同的线条，握笔的用力点也会有所不同，绘制横线时需要手臂跟随手部同时运动；竖线绘制时需要利用肩部的力量来绘制，一定要平稳运笔，这样才能绘制出更笔直、更美观的线条（图3-2）。

↓绘制线条时要控制好下笔的角度，确保倾斜的笔头与纸张能够完全接触，一般侧面握笔角度为75°左右

↓正面握笔角度为45°左右

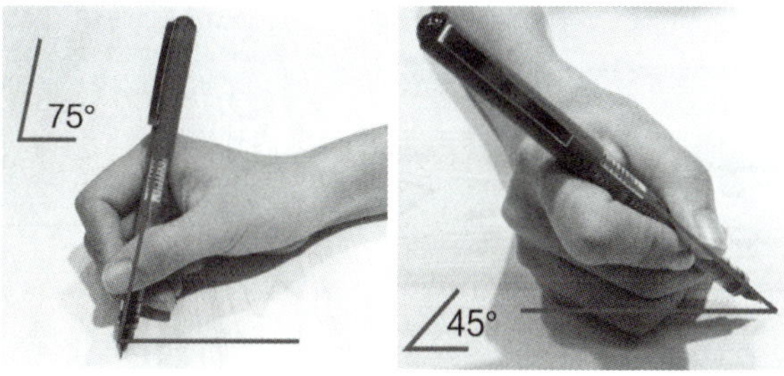

（a）侧面握笔　　（b）正面握笔

图3-2　不同的握笔方式

3.1.2　线条绘制要点

线条构成了快题设计线稿的基本框架，同时也能利用线条来细化图稿中设计元素的轮廓与细节部位，线条绘制的好坏，对画面的氛围有很大影响。

1. 长线条的绘制要有条理

（1）绘制长线条时不可连笔、带笔，也不可一笔到位，建议分多段绘制，每段线段接头处应保持一定的空隙，空隙宽度一般要小于线条的粗度。

（2）长线条的绘制还需控制好线条的平直度，在绘制时可利用铅笔做点位标记，依据点好的标记连接线条即可，一般标记点不宜过深（图3-3）。

2. 虚实与光影要合理

虚实与光影的存在能够极大地丰富画面视觉效果，同时也能使设计对象更具体积感和层次感，利用线条来表现画面中的虚实关系和光影关系时一定要注意，受光面为虚，背光面为实；转折结构线实，而纹理线虚。

3. 情感传递要正确

不同类型的线条能够表达不同的情感，例如，曲线能给人一种柔和感，直线能给人一种有序感等，在利用线条表达不同的设计情感时一定要处理好笔触的虚实、快慢及轻重等关系（图3-4）。

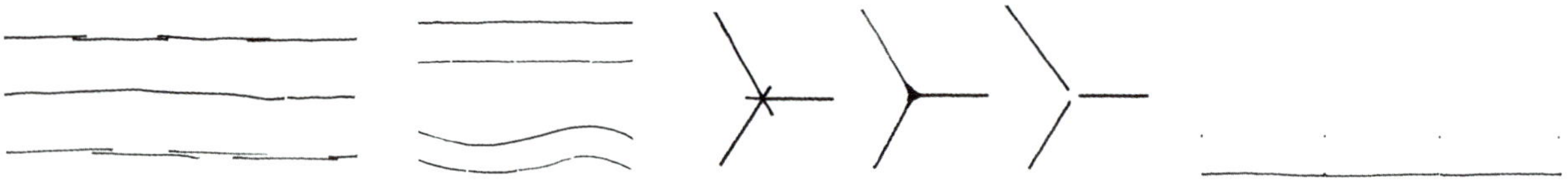

（a）错误的线条　（b）正确的直线和曲线　（c）线条的交错　（d）分点绘制长线

图3-3　线条绘制

图3-3（a）：绘制较长线条时要避免首尾交错或明显弯曲。
图3-3（b）：当线条较长且很难控制方向时，可以分段绘制，保留短暂间隙，避免接触后造成墨水淤积。
图3-3（c）：近处确定的构造应当交错；远处模糊的构造应当分离；既不交错，又不分离容易造成墨水淤积，污染画面。
图3-3（d）：在绘制线条时要具备比较好的耐心，切忌连笔、带笔，绘制长线条时也不可一笔到位，最好将其分成多段线条来拼接，注意接头应当保持空隙，但空隙的宽度不可超过线条的粗度。绘制长线条时，线条的平直度不太好控制，可利用铅笔做点位标记，再沿着点好的标记来连接线条。

↓树木的难点在于树叶，环境设计快题中的树木多为配景，不要强化树叶，仅通过线条来表现枝干形态即可。

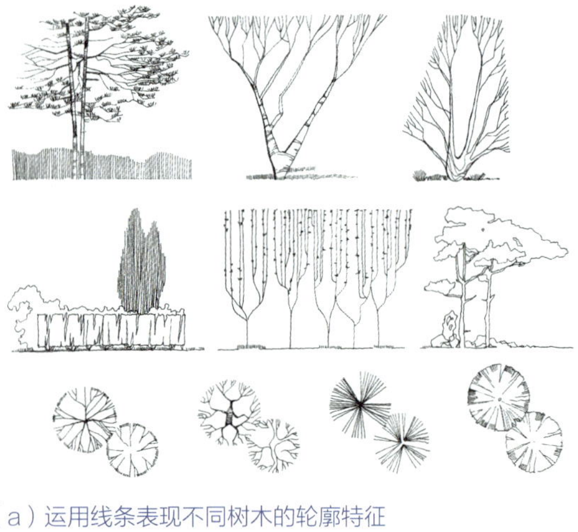

（a）运用线条表现不同树木的轮廓特征

↓模拟练习常见的材料纹理质感，并熟记用笔方式。

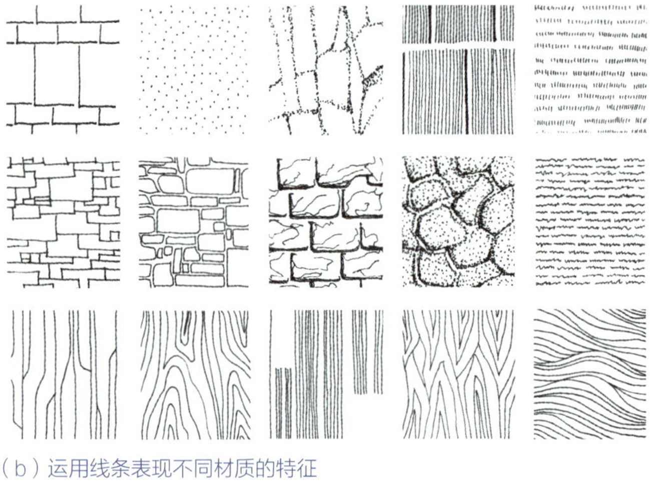

（b）运用线条表现不同材质的特征

图3-4　线条具体表现

3.1.3　分类型绘制直线

直线具体可细分为斜线、短直线及长直线等，在利用直线绘制快题设计线稿时多分慢线和快线，这两类直线适用于表现不同区域内的设计对象。

1. 慢线

绘制慢线时要注意处理好透视和比例之间的关系，所绘制的线条要能灵活、生动地表现出设计对象的特点，一般适用于绘制快题效果图中的主要对象，也可绘制处于快题设计图稿中心地带的设计对象（图3-5）。

2. 快线

快线绘制时要一气呵成，利用线条的变化表现出设计对象的生命力和灵动性，这类线条适用于绘制快题效果图中的次要对象，也可用于绘制处于快题设计图稿周边区域的配饰对象（图3-6）。

3. 尺规绘制直线

徒手绘制直线是目前比较常见的现象，绘制时一定要控制好运笔速度，线条的起笔和收笔要符合绘制要求，必要时也可借助尺规辅助绘制，但不建议长期借助尺规绘制（图3-7～图3-13）。

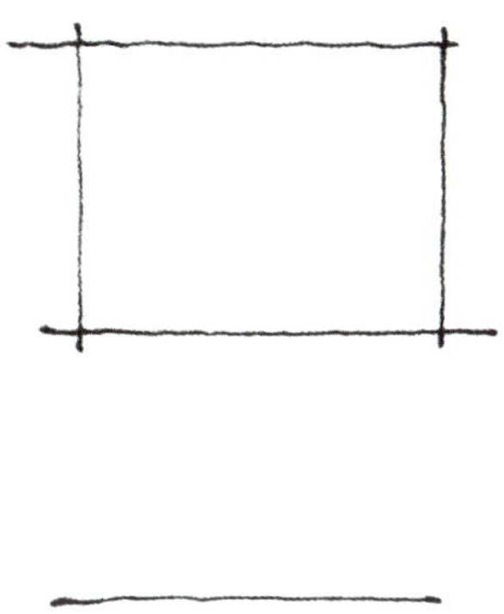

（a）慢线

（b）慢线绘制休闲亭

图3-5　慢线

图3-5（a）：慢线绘制整体较平直，但是局部会有弯曲，甚至抖动，但并不影响线条对形体的塑造。

图3-5（b）：慢线绘制的速度不一定慢，在确保比例和透视正确的前提下，避免反复修改铅笔线稿，适用于表现建筑主体对象。

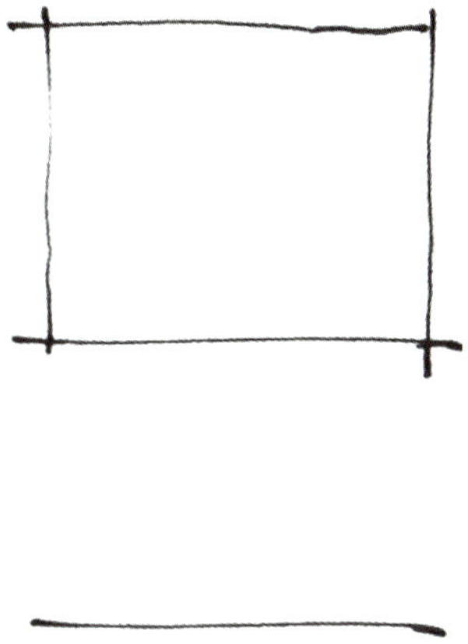

（a）快线

（b）快线绘制休闲亭

图3-6　快线

图3-6（a）：快线绘制整体较顺滑，但是平直度与方向感需要经过长期训练。

图3-6（b）：快线绘制需要长期练习，要绘制较完整的铅笔底稿，运笔速度快，能保持长线条准确与平直。

↓尺规绘制速度较慢，主要用于表现重要构造的轮廓，如空间的主体墙面、家具等。

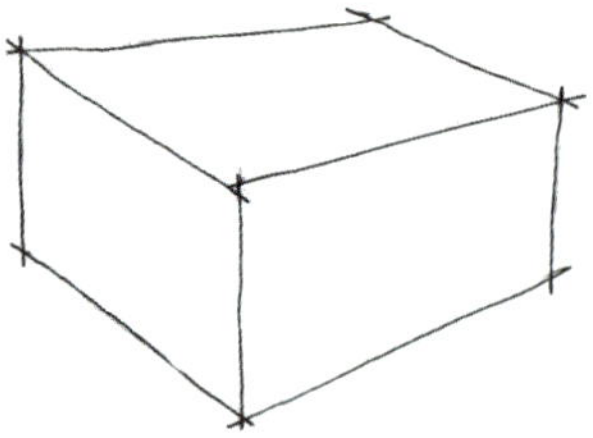

图3-7 徒手绘制

↓徒手绘制速度较快，但是准确度低，主要用于表现辅助构造，如小件家具、配景植物等。

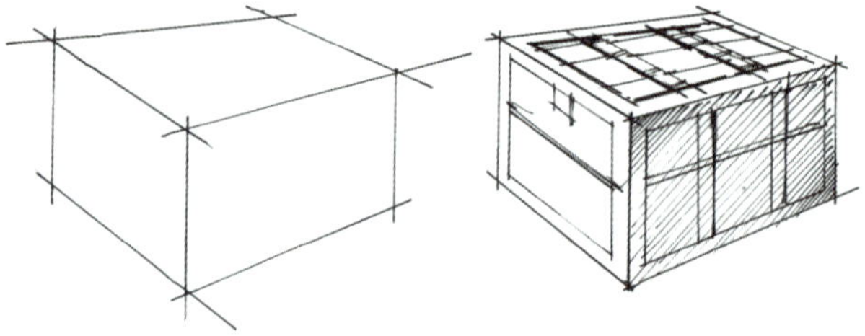

图3-8 尺规绘制

图3-9 直线的起笔与收笔

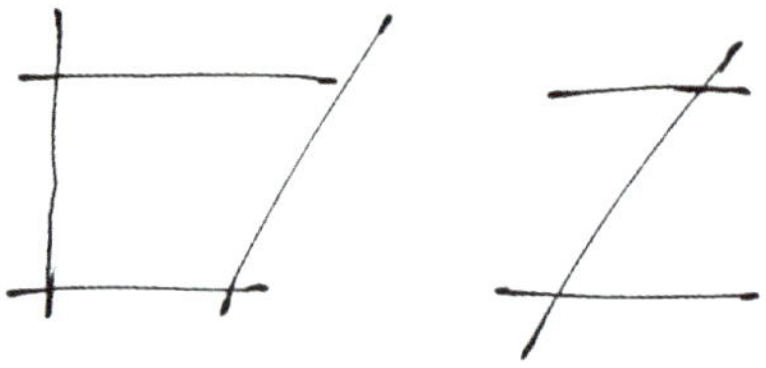

图3-10 交叉直线

图3-9：绘制直线时需要匀速运笔，起笔需顿挫有力，收笔需有所提顿。

图3-10：绘制交叉线时需注意，当两条线段交叉时，最好是反方向延伸的交叉线，这样所能表达的图像意图会更强烈，这种绘制方式也能有效避免两条交叉线的交叉点出现墨团，从而影响最终的视觉效果。

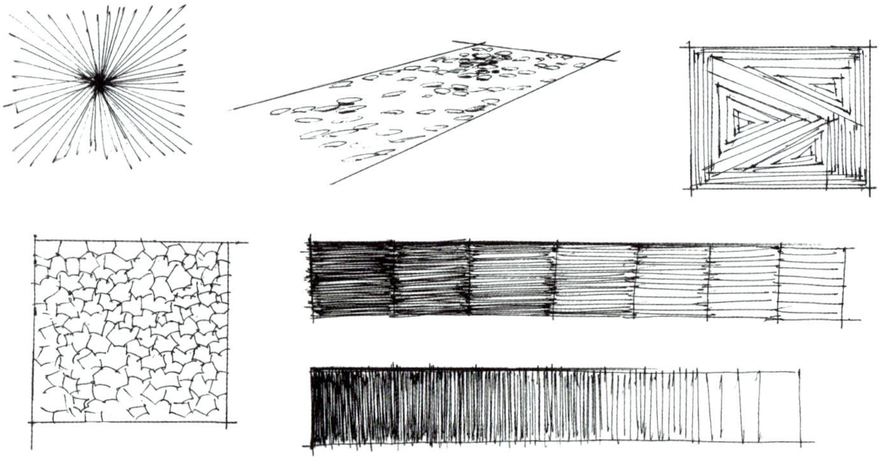

←绘制多个方向的直线，提升手腕对笔的操控能力，尤其是排列笔触来表现明暗对比关系。

图3-11 多样直线练习

★补充要点

快题设计线稿表现

快题设计线稿是表现设计思想与主题的最佳形式，主要通过视觉主题与整体视觉关系两种形式来表现。

1. 视觉主题表现。主要通过表现画面跳跃度的变化来强化设计的视觉主题，绘制时可通过线条的轻重缓急形成渐变，在灰度变化中来实现画面跳跃度的变化。

2. 整体视觉关系表现。主要通过重点表现设计元素的结构细节、整体与部分结构之间的平衡感，从而实现平衡画面整体视觉关系的目的，这种视觉上的平衡也能使快题设计图稿更具美感。

←长线条在一定绘制区域内比较容易控制，然而频繁绘制平行的短线条容易偏离线条的主体方向。

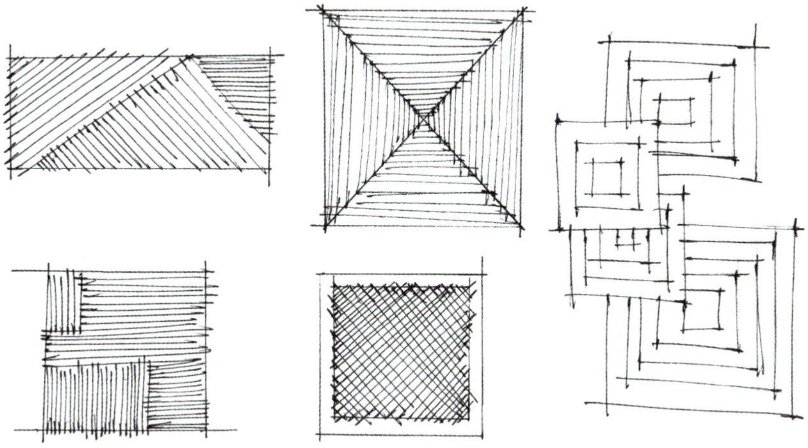

图3-12　长短直线练习

←将长、短、曲、直线条相互组合，形成叠加的明暗层次关系，能提升线稿的表现力，多次反复练习，建立成熟且稳定的明暗层次表现思维。

图3-13　长短直线绘制

3.1.4 曲线和乱线绘制

1. 曲线绘制

曲线一般会选用慢线的形式绘制，所绘制的曲线要具备一定的生动性和流动性，要能凸显设计对象的形态美，注意绘制曲线时一定要控制好运笔和手腕之间的力量（图3-14）。

2. 乱线绘制

乱线绘制时可利用直线和曲线之间的交叉和相融来表现线条的节奏美、韵律美以及自然美，一般乱线比较适用于表现植物的形态特征、纹理以及阴影等（图3-15）。

↓波浪线实际上也属于乱线，这类线条比较适用于表现绿化植物及水波等配景，也可用于排列线条，以便能更好地增强画面的层次感。在绘制波浪线时要控制好波峰的间距，绘制所选用的线条粗细度要保持一致，绘制的波浪起伏大小也应尽量保持一致。

图3-15 乱线

↓曲线绘制难度较大，绘制时要依据不同的线条长短选择不同的绘制方式，一般较长的曲线建议分成多段绘制，并需符合快题设计图稿的图面情况。

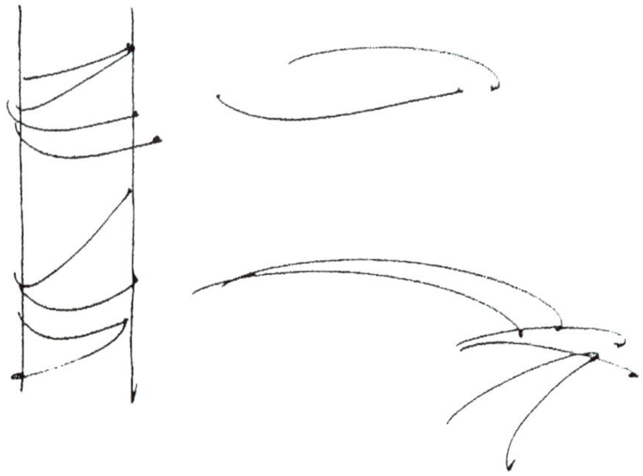

图3-14 曲线

↓根据建筑与规划设计专业特征，可以多练习发散性多样线，线条集中在一点，向外部发散后形成转折。多用来表现建筑外墙具有透视造型的装饰线条。

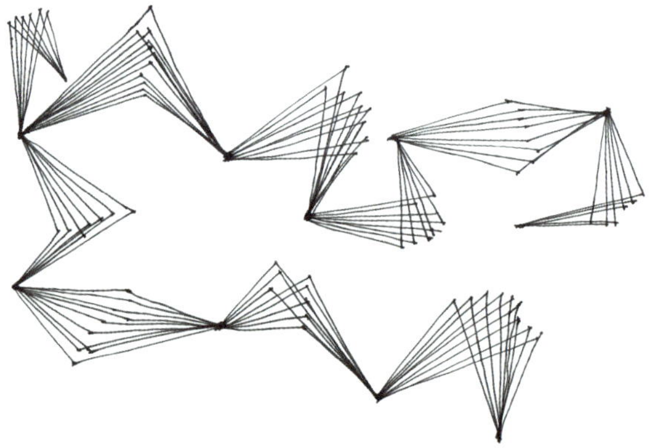

图3-16 多样线条练习

3.2 透视原理

透视原理主要包括近大远小、近实远虚、近明远暗以及近高远低等原理，在绘制快题设计图稿之前一定要熟悉这些透视原理，并能将其灵活运用于图稿绘制中（图3-17）。根据消失点不同，可将透视分为一点透视（平行透视）、两点透视（成角透视）和三点透视（图3-18）。

3.2.1 一点透视

一点透视是指当人正对着物体进行观察时所产生的透视范围，这种透视方式只有一个消失点，且能塑造比较强的纵深感，适用于表现庄重、对称的空间。

由于一点透视中主体观察者是面对着消失点的，因此物体的斜线一定会延长相交于消失点，横线和竖

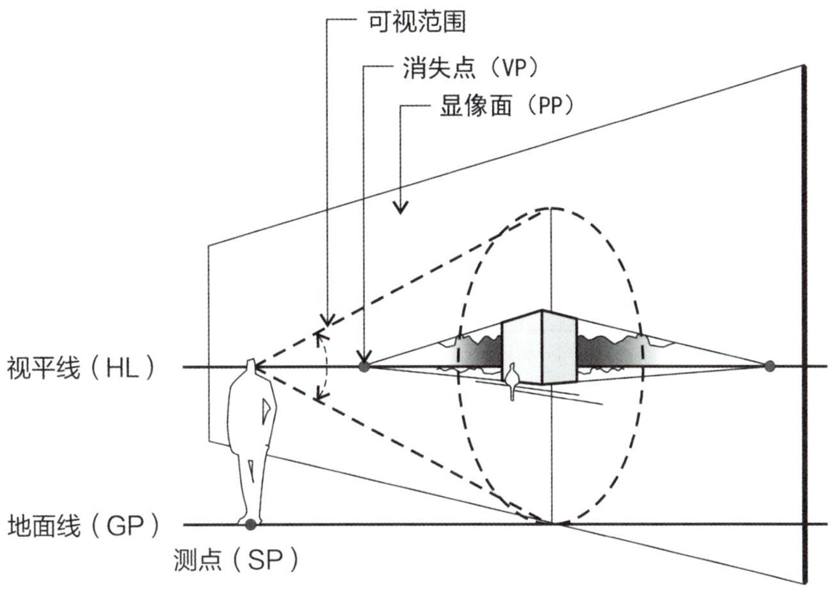

图3-17　透视示意图

图3-17　绘制之前需明确透视中的要素：

1. 视点。指人眼睛的位置。
2. 视平线。指由视点向左右延伸的水平线。
3. 视高。指视点和站点的垂直距离。
4. 视距。指站点（视点）离画面的距离。
5. 灭点。又称为"消失点"，是空间中相互平行的透视线在画面上汇集到视平线上的交叉点。
6. 真高线。指建筑物的高度基准线。

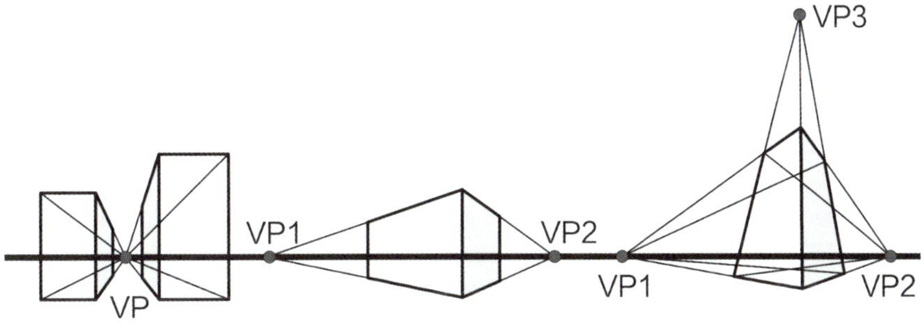

（a）一点透视　（b）两点透视　（c）三点透视

图3-18　透视的种类

图3-18（a）：在一点透视中，观察者与面前的空间平行，只有一个消失点，所有的线条都源自这个点，设计对象一般呈现四平八稳的状态，这种透视方式有利于表现空间的端庄感和开阔感。

图3-18（b）：在两点透视中，观察者与面前的空间形成一定的角度，所有的线条源于两个消失点，即左消失点和右消失点，这种透视方式能够有效地凸显出设计对象的细节和层次。

图3-18（c）：三点透视一般很少使用，它的绘制特点与两点透视类似，只是观察者的观察姿态呈现后仰趋势，多用于表现高耸的建筑和内部层高较高的空间。

线之间也一定是垂直且相互平行的关系。通过这种斜线相交于一点的绘制方法，能够很好表现出近大远小的视觉效果（图3-19～图3-22）。

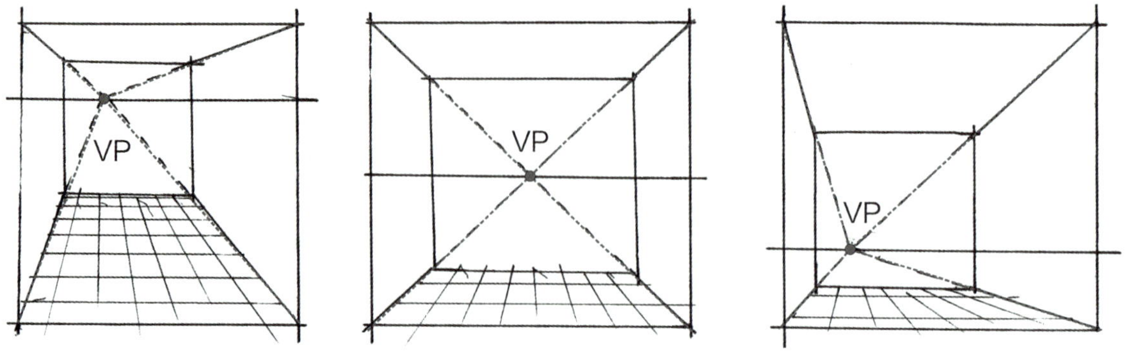

（a）高定位　（b）中定位　（c）低定位

图3-19　一点透视视点定位示意图

图3-19（a）：如果要准确定位视点，需提前确定好视平线与消失点的位置。视平线是定位透视时必要的辅助线，而消失点则正好位于视平线的某个位置上，视平线的高低情况决定了空间视角的具体定位。高定位适合表现鸟瞰图，一点透视的消失点在视平线上稍稍偏移画面1/4～1/3比较适宜。

图3-19（b）：中定位适用于表现建筑庭院或建筑室内，周边有围合建筑构造为宜。由于一点透视的消失点理论上位于基准面正中间的位置，但为了避免画面过于呆板，同时也为增强画面的生动感和活泼感，可以根据空间的具体类型来确定透视的消失点。

图3-19（c）：低定位适合表现景观，视平线一般定位在整个画面靠下1/3左右的位置比较适宜。

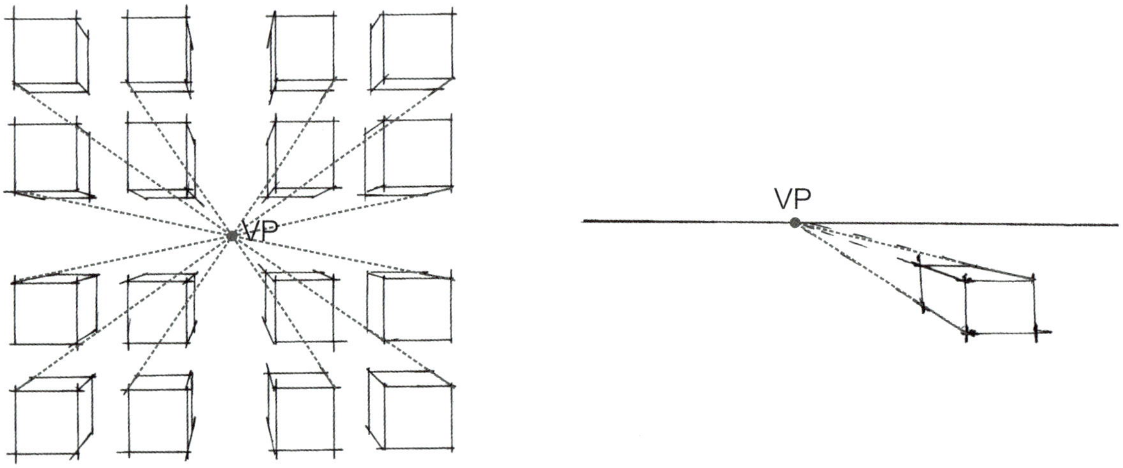

（a）多向发散　（b）单向发散

图3-20　一点透视练习示意图

图3-20（a）：一点透视的消失点理论上位于基准面的中间，但是定点的位置过于正中，就会显得整幅图面比较呆板。

图3-20（b）：为了有效增强画面的生动感和活泼感，可以根据具体空间的类型来确定透视的消失点。

★补充要点

局部绘制具体要求

局部绘制要求能够利用线条的粗细来表现出画面的深浅度，并能凸显出细节部位的特征，在具体绘制时还能通过对线条长短的灵活应用，从而有效增强画面的视觉效果。

图3-21　建筑一点透视图（田冰花）

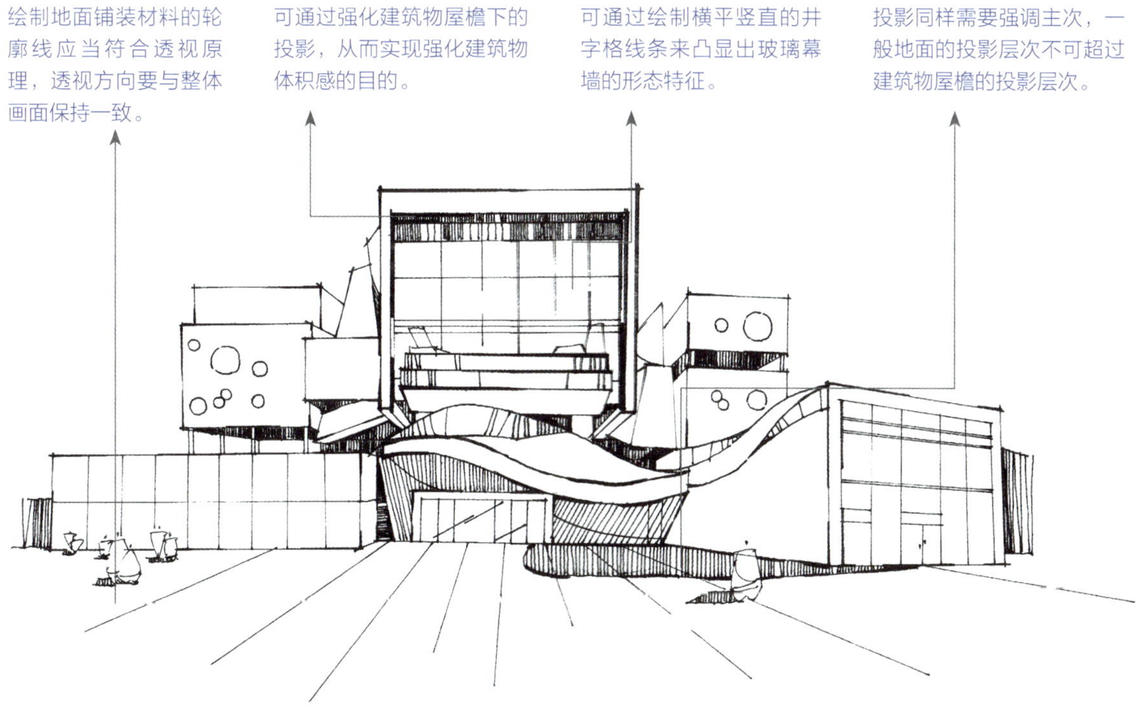

图3-22　建筑一点透视图

★补充要点

建筑表现练习方法

1. 打好基础。注意线条基础练习，由于所运用的线条种类较多，绘制时要根据结构不同选用合适的线条。此外，为了更好地塑造设计元素的形体结构，还需经常练习圆的绘制。

2. 注意细节。绘制时要保持卷面的整洁，相关结构的线条绘制应当流畅且无明显断裂点。

3. 临摹优秀作品。可选择具有代表性的作品临摹，在临摹的过程中可以了解该作品的设计意图，并能在深入探讨该作品的过程中，了解其设计思维与绘制技巧。

3.2.2 两点透视

两点透视是指当观察者从设计对象的对角方向观察设计对象时所产生的透视范围，这种透视方式左右两边的斜线比例比较合理，且分别能够相交于一点，适用范围比较广。

1. 透视视角产生原因

当观察者站在设计对象正面的某个角度观察设计对象时，此时便会产生两点透视，这种两点透视的视角比较符合人的正常视角，因此使用两点透视绘制的画面会更具真实性和生动性（图3-23）。

2. 绘制注意事项

使用两点透视绘制快题设计图稿时需注意，两个消失点之间的距离要控制好，不可太近，要确定好真高线的位置，一般两点透视空间内的真高线为整幅画面最远处的线，绘制时真高线不可过长，大致占到整幅画面中间的1/3即可（图3-24～图3-27）。

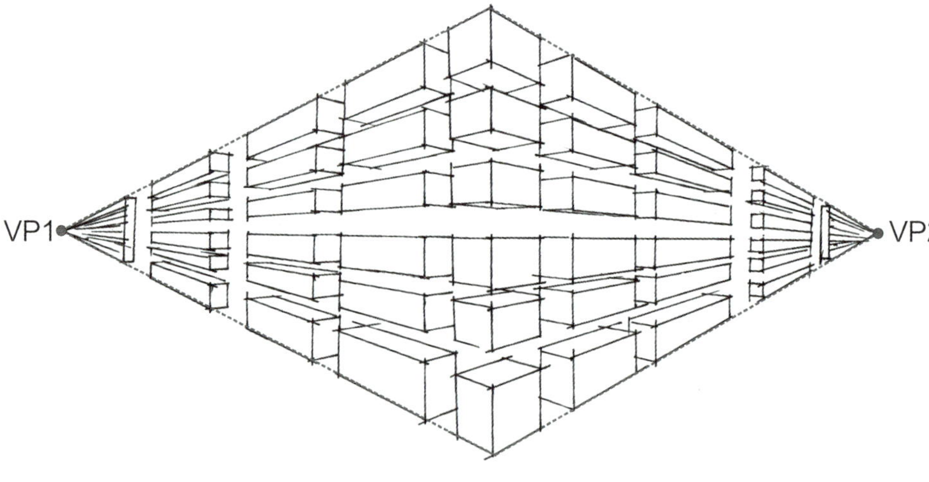

图3-23 两点透视练习

图3-23：两点透视的运用和掌握都比较困难，一般当人站在物体正面的某个角度看物体时，就会产生两点透视，也因此这种透视视角会更符合人的正常视角，所营造的画面感也会更具真实性和生动性。两点应当消失在地平线上，但消失点又不宜定得太近。

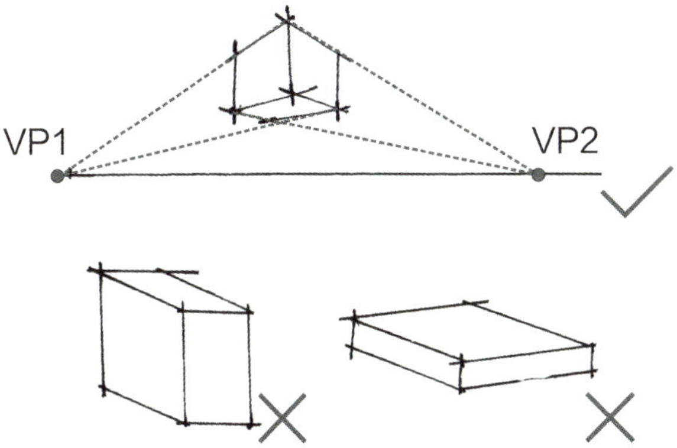

图3-24　两点透视画法

图3-24：两点透视要严格遵循消失点的方向，不能凭空绘制大致的方向。

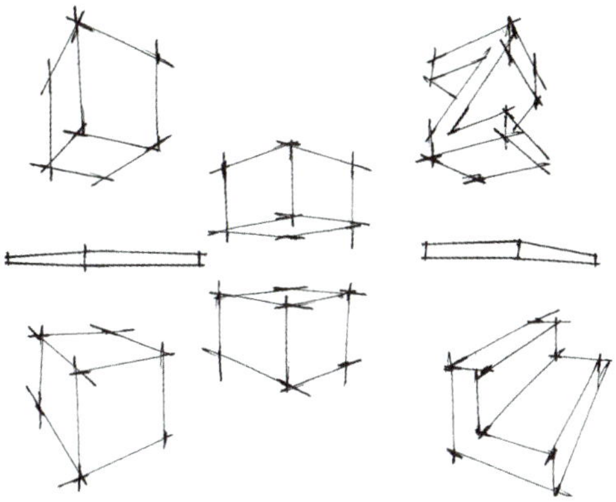

图3-25　两点透视练习图

图3-25：两点透视要从多个角度强化练习，画面中可能出现的角度都要涉及。

此处建筑上檐选用双线条绘制，可很好地强化建筑顶端结构。

此处建筑暗部区域需分两个层次排列线条，绘制时要有比较明显的区分。

此处树木为配景，只简要勾勒出树木的轮廓即可。

图3-26　建筑两点透视图

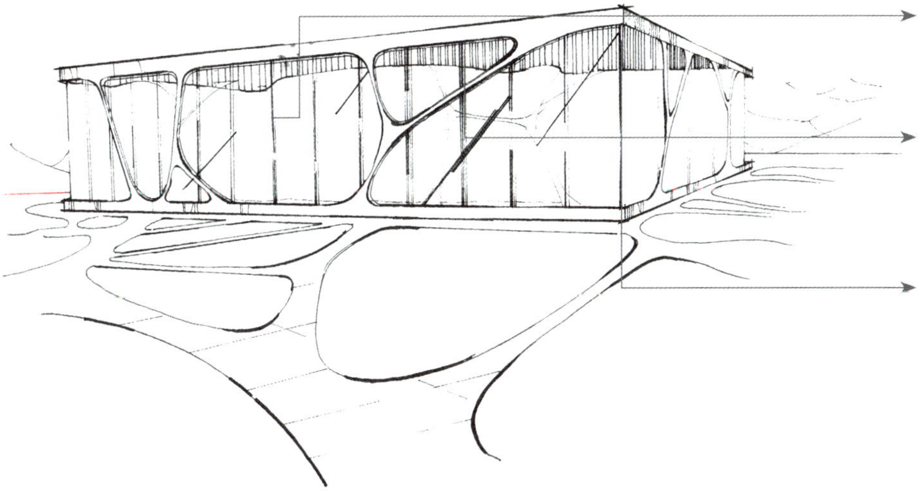

此处玻璃幕墙的垂直构造可选用双线条绘制，这样玻璃幕墙的体积感会更强。

此处可利用不同数量和深浅度的线条来强化明暗对比，这也能表现出玻璃幕墙的反光特质。

此处建筑转角处要强化明暗交界面的层次感，可适当加深暗部的细节刻画。

图3-27　建筑两点透视图

3.2.3 三点透视

三点透视有三个消失点，这种透视方式多用于绘制超高层建筑的俯瞰图或仰视图，绘制时需注意第三个消失点必须和与画面保持垂直的主视线以及视角的二等分线保持一致。此外，要在两点透视的基础上实现三点透视的绘制，即添加的消失点应当位于两点透视中左右两个消失点连线的上方或下方，使其呈现仰视视角或俯视视角，注意最终三个消失点的连线必须能形成一个近似等边三角形，这是重中之重（图3-28～图3-32）。

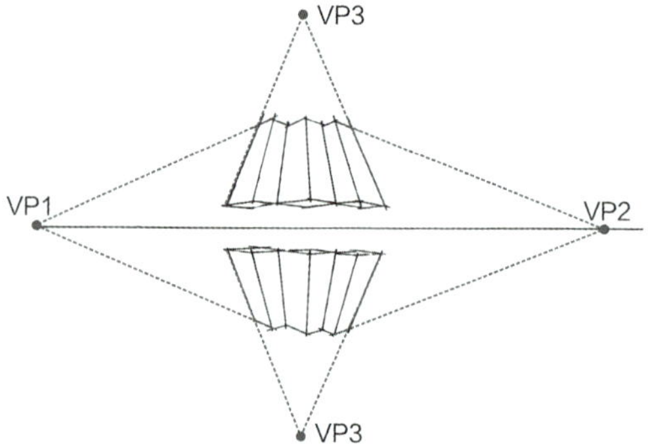

图3-28 三点透视画法

图3-28：通过在两点透视的基础上增加一个消失点的方式来实现三点透视的绘制，这个消失点可定在左右消失点连线的上方（仰视）或下方（俯视）。

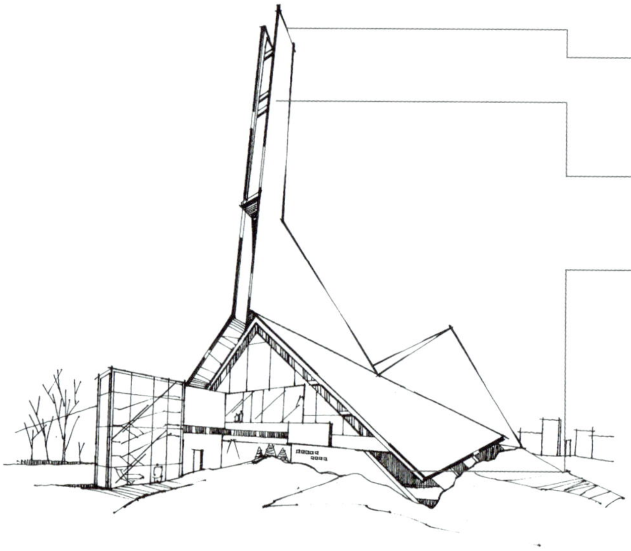

高耸的建筑顶端有着比较纤细的构造，这种绘制形式能够很好地表现出三点透视的视觉美感。

倾斜的建筑结构能够强化三点透视的绘制特点。

画面底部可利用地势线条来实现终止建筑结构的目的，这种形式也会使建筑显得更自然。

图3-29 建筑三点透视图

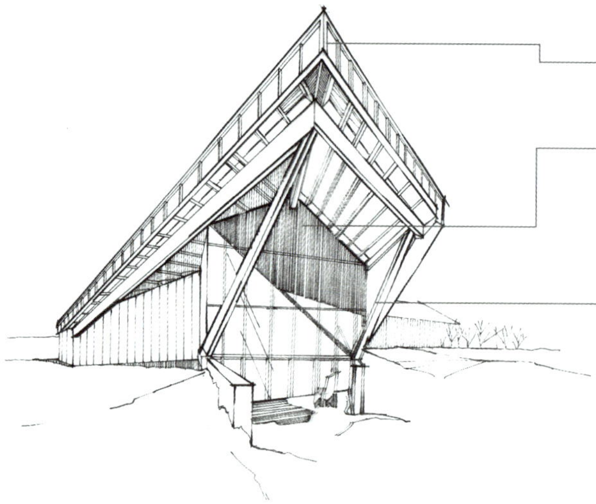

建筑顶端为三点透视的第三个消失点，同时此处也是三点透视的最佳视角。

可利用密集的垂直线来凸显建筑阴影的形态特征。

建筑两侧的支撑构造可选用笔触较粗的线条绘制，这样整体建筑的层次感也会更强。

图3-30 建筑三点透视图

建筑仰视角度较小，可很好地凸显出透视感和真实感。

位于画面前部的建筑应当深入刻画暗部细节。

建筑底部的绿化区选用简单的线条绘制即可。

楼梯呈向上延伸姿态，符合三点透视原理。

图3-31　建筑小仰角三点透视图

建筑外墙材质与其他区域材质形成鲜明对比，画面视觉感好。

可通过重复排列线条的形式来实现增强明暗对比的目的。

画面底部可通过绿植的简单绘制来达到终止画面的目的。

图3-32　建筑大仰角三点透视图

3.3 建筑设计线稿表现

本节将通过介绍基础几何体、建筑体块、建筑门窗、单体植物、建筑配景以及建筑成图等绘制的具体内容来阐明建筑线稿表现的具体技法。

3.3.1 基础几何体练习

几何体是组成建筑的基本要素，建筑线稿绘制运用较多的几何体有长方体、三棱柱、圆柱以及正方体等，通过将几何体转换、变形，从而得到设计所需的建筑轮廓。此外，在练习绘制几何体时，最重要的一点便是要处理好几何体的比例和透视问题，并能通过将不同的几何体进行交叉、分解或组合处理，从而获得新的设计灵感（图3-33、图3-34）。

3.3.2 建筑体块阴影刻画

建筑是由不同的体块演变而来，除了做好基础几何体的绘制练习外，在建筑表现时，还需能够拥有比较丰富的立体形象思维，这要求绘图者能够通过对不同体块穿插、变化的想象和细致刻画，从而凸显出建

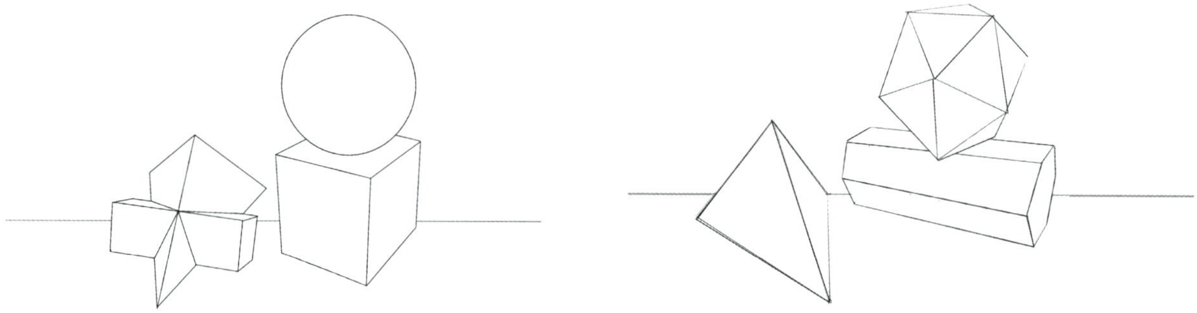

图3-33　几何体绘制练习

图3-33：摆放一些简单的石膏几何体作为线稿练习对象，强调线条的平直度与精准度。如果没有石膏几何体，也可以用计算机图形软件绘制类似的几何形体进行对照绘制。

图3-34　由几何体延伸而来的建筑线稿（杨雨金）

筑的设计感。

此外，在表现建筑体块时还需注重光影对建筑产生的影响，一般光线不能改变建筑的形体结构，根据光源和建筑受光面的不同，所形成的阴影大小和形状也会有所不同，在绘制时要明确地表现出不同受光面色调、色差以及明暗的变化程度，并能通过对阴影的细致刻画塑造出不同的空间情境，这种表现形式也能很好地增强建筑的体积感和生动感（图3-35、图3-36）。

3.3.3　建筑门窗

门窗是建筑中比较重要的一部分，绘制门窗时不仅要处理好门框以及窗框的宽度和厚度，还需细致刻

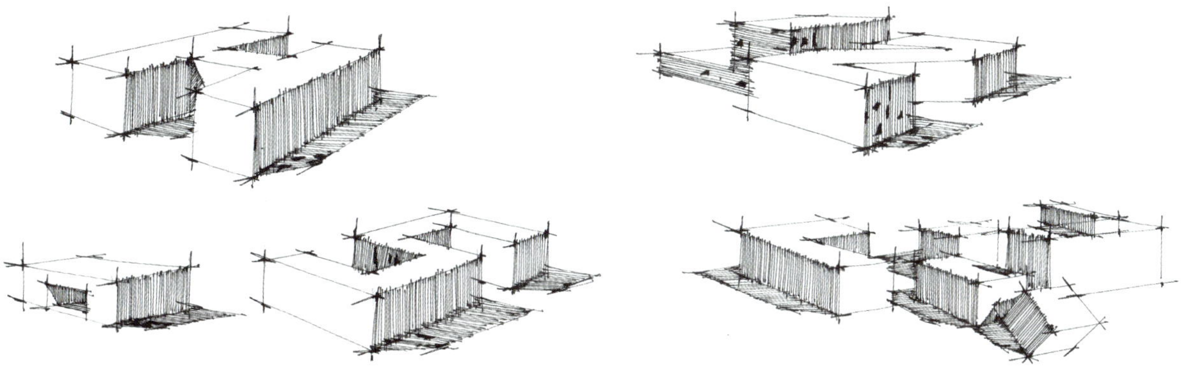

（a）字母造型体块　　（b）分解造型体块

图3-35　建筑体块绘制练习

图3-35（a）：将英文字母立体化后所形成的体块具有建筑造型特征，这是最常见的一种造型设计方法，任何主题的建筑设计都能直接套用。强化阴影刻画能表现出明确的立体空间。

图3-35（b）：将完整的造型体块进行分解，形成具有组合效果的建筑体块，强化阴影后，会发现体块在分解之后，阴影会在一定光线投射角度上彼此相连，重新形成完整的造型。适用于群体建筑与规划设计。

图3-36　建筑体块线稿（杨雨金）

画门窗的阴影，这样门窗的体积感和立体感才会更强（图3-37、图3-38）。

3.3.4 单体植物

这里主要介绍围绕在建筑周边的植物，包括乔木、灌木、修剪类植物、棕榈科植物以及花草、地被等线稿的具体绘制。

1. 乔木

绘制乔木线稿很重要的一点便是要明确乔木的结构，一般包括干、枝、叶、梢、根，在具体绘制时要能清晰表现出乔木的缠枝、分枝、细裂及节疤等形态特征，枝干的分支位置也应能清晰地表现在图纸上。此外，为了凸显出乔木的体积感，还需细致刻画乔木树叶，并能通过区分树木的明暗面和对阴影的深入刻画来实现乔木立体感的营造（图3-39）。

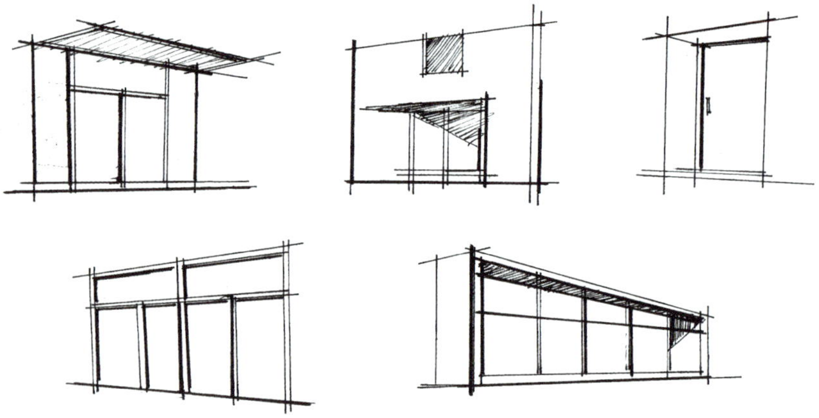

←适当练习建筑中的门窗构造，注意门窗边角部位线条交错，强化边角结构，适当增加檐下阴影。

图3-37 建筑门窗绘制练习

高处的门窗和木墙应当有比较鲜明的对比，这样整个建筑的轮廓会更具象化。

位于建筑侧面的门窗和木墙，在绘制时应当尽量弱化这两者之间的层次对比。

在绘制位于建筑底部的门窗时必须区分受光面和背光面，当门窗处于受光面时，为了强化明暗对比，凸显画面的视觉效果，绘制时应加深阴影并适当预留反光。

图3-38 建筑门窗线稿（杨雨金）

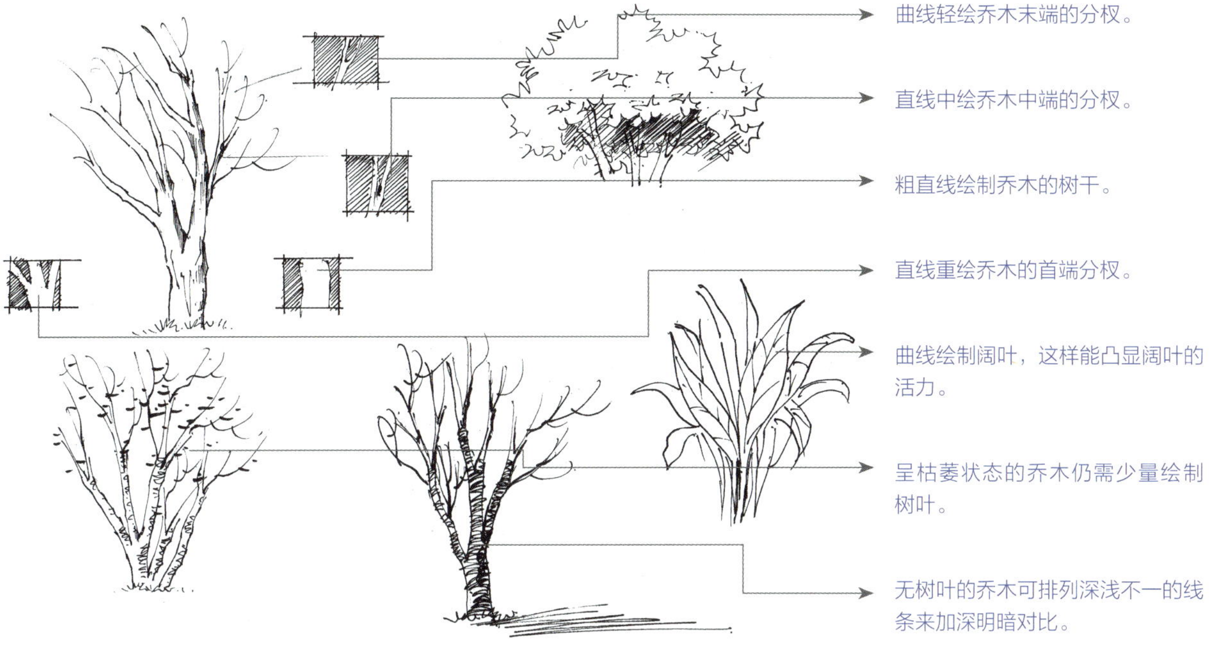

图3-39　乔木单体线稿

2. 灌木与修剪类植物

灌木是建筑周边比较常见的植物，它的植株通常较小，且无突出的主干，在绘制时要注重对其形体的概括，可选用抖动线，即曲直结合的线条来表现灌木的轮廓。此外，由于灌木有自然式和规则式两种种植方式，在绘制时要依据不同的种植方式表现出不同的虚实变化，注意保持灌木的自然感。

修剪类植物造型感比较强，在绘制时要能利用乱线来表现出植物造型的变化，注意强化树木明暗交界线的绘制，并使其符合“近实远虚”和“先深后浅”的绘制原则（图3-40）。

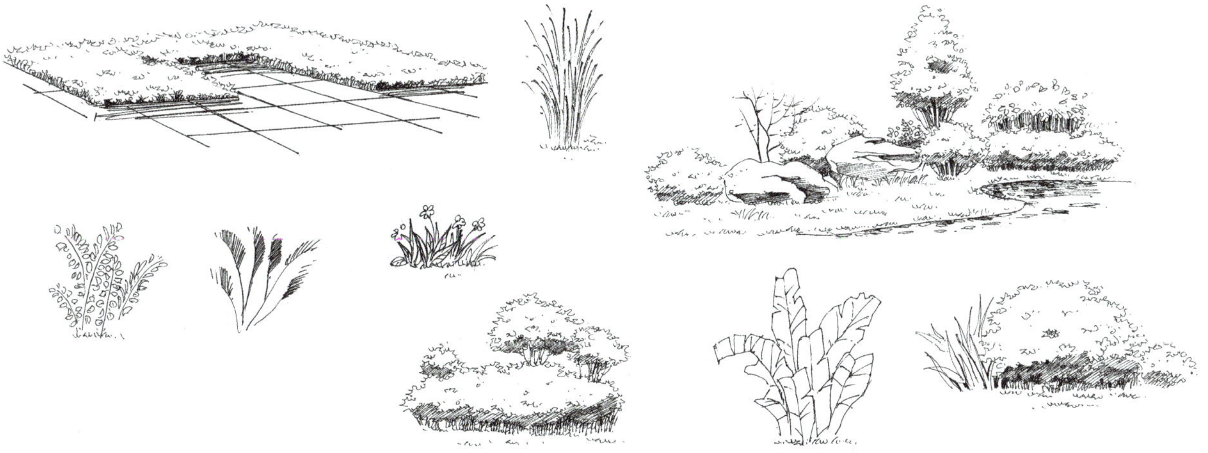

图3-40　灌木与修剪类植物单体线稿

图3-40：花草处于画面近景中，则需细致刻画花草形态；花草处于画面远景中，粗略绘制轮廓及部分叶片即可。

3. 棕榈科植物

棕榈科植物一般处于热带地区，绘制时要能表现出棕榈科植物张扬的形态，要凸显出叶片的渐变效果和树干纹理的虚化状态，棕榈科植物的基本骨架和叶片形态也应当细致刻画，一般棕榈科植物的基本骨架与其生长形态有很大关系，叶片的形态又与基本骨架生长规律有一定联系，这一点在绘制之前要明确（图3-41）。

4. 花草与地被

建筑周边的花草有着不同的生长规律，一般可分为直立型花草、丛生型花草和攀缘型花草，在绘制花草及地被时要注重对轮廓及边缘细节的描绘，并明确花草、地被在画面中所处位置不同，绘制细节也会有所不同。此外，攀缘型花草多处于花架或花坛上，绘制时要凸显出趣味感，并处理好花草与建筑构造之间的遮挡关系（图3-42）。

3.3.5 建筑配景

这里主要介绍围绕在建筑周边的配景，包括人物、交通工具、山石、水景以及建筑小品等线稿的具体绘制。

←棕榈科植物具有很强的形式感，在绘制时要控制好叶片与叶脉之间的距离，并能处理好多层次的叶片和树木暗部区域的分组，所绘制的树冠一定要左右协调，运笔需流畅，树冠与树枝之间的比例也应当符合要求。

图3-41 棕榈科植物单体线稿

图3-42 花草与地被单体线稿

图3-42：花草处于画面近景中，则需细致刻画花草形态；花草处于画面远景中，粗略绘制轮廓及部分叶片即可。

1. 人物

人物形象一般不需具体绘制，只需表现出人物的行为即可，绘制时注意处理好人物与建筑之间的比例关系（图3-43）。

2. 交通工具

这里的交通工具多为汽车和自行车，在绘制时要能清晰表现出其轮廓，并注意处理好交通工具之间以及交通工具与人之间的比例关系（图3-44）。

图3-43　人物线稿

图3-43：参考照片绘制一批人物线稿，省略人物的面部五官细节，精简服装上的细节。主要人物的动态与朝向应当与建筑方位相关。

图3-44　交通工具线稿

图3-44：强化交通工具的体积感，绘制的汽车造型应当具备时代感，不宜绘制较老旧或超豪华的车型。

3. 山石

山石作为配景存在，主要起到装饰建筑的作用，一般山石多成组出现且周边有绿植，在绘制时要能凸显出山石的体积感和山石本身的质地，可利用不同的线条力度和不同的线条组织来表现山石不同的结构形态，并以此凸显出不同结构山石的硬度和质感。此外，为了表现出山石的空间感，还可分面刻画山石，绘制时要注重对山石阴影的细致刻画，注意绘制线条需硬朗（图3-45）。

4. 水景

水景布局于建筑周边，同样起到装饰建筑的作用，一般可分为静态水景和动态水景，绘制时需注意以下几点。

（1）静态水景绘制要注重倒影的刻画，要营造一种朦胧美，可适度模糊水中倒影，一般水中倒影只

图3-45　山石线稿

图3-45：绘制山石时要注重对山石明暗转折面的刻画，一般亮面线条硬朗，运笔快，线条坚韧感较强；暗面线条顿挫感较强，但运笔较慢，线条绘制较粗重。此外，为了深化山石形象，还要注重对山石暗部虚实关系和阴影关系的处理，要细致刻画暗部区域的反光面，要利用不同的线条来表现山石圆中透硬的形态特征。

表现出距离水岸较近的景物即可。

（2）动态水景多为喷泉或跌水，绘制时运笔要自然，线条要洒脱，要能凸显出水景的流动感和活泼感，要能表现出水波涟漪、水滴四溅的景象。

（3）动态水景绘制时要重点凸显出水景的生动感和自然感，要确保水流方向可以和线条方向保持一致，且水面受光面可适当留白，以便凸显出水景的体积感（图3-46）。

5. 建筑小品

建筑小品的规模一般不会太大，它的造型比较别致，通常布局在建筑周边，主要有两种使用情况，一种是作为建筑环境的附属设施存在，一种是作为装饰景观存在（图3-47）。

←动态水景绘制要预先留好水流的位置，然后利用与水流方向一致的线条来突出水流的背光面，当确认背光面绘制无误后，便可开始具体的细节绘制，注意线条的疏密与节奏要符合绘制要求。此外，还可使用扫线的形式来表现出跌水向下流的速度感和下坠感。

图3-46 水景线稿

图3-47 建筑小品线稿

图3-47：绘制时要注重建筑小品形态结构的塑造，要能利用比较自由的线条来细致刻画建筑小品的明暗面，并能通过建筑小品体积感的强化，从而实现烘托主体建筑的作用。

★补充要点

快题设计技巧

1. 绘制内容要符合设计要求，绘制思路要清晰，绘制重点和目标定位必须明确，功能布局和空间结构必须合理化。

2. 绘制时要重视设计与场地特征之间的融合。

3. 设计的内容要具备整体性，空间中的内容要能与周边环境相呼应，要符合设计规范的基本要求。

3.3.6　建筑表现线稿解析

下面将通过对办公楼建筑以及艺术博物馆建筑线稿的赏析，更细致地讲解建筑空间线稿的绘制技法。

1. 办公楼建筑线稿

具体绘制技法如下。

（1）绘制之前应当明确主要设计对象的透视是否合理，绘制时要处理好建筑的角度和比例关系，建议选用较低的视点，这样画面视觉效果会更好。

（2）绘制时应当先使用铅笔粗略勾勒形体和透视较大的部位，然后再用针管笔绘制建筑的形体线和结构线。

（3）细化细节时要明确近、中、远景所包含的内容，并强调明暗关系和阴影的表现。

（4）依据建筑形态勾勒出基本骨架后，可开始添加建筑结构和基本光影，注意确保透视和比例的准确性，要增强整体空间的协调性，以使建筑更具立体感。

（5）建筑元素和结构线绘制结束，可开始调整构图、收边以及完善建筑与周边环境的光影关系（图3-48、图3-49）。

2. 艺术博物馆建筑线稿

（1）绘制之前要明确画面的构图形式、视平线的高度以及消失点的具体位置，并通过透视原理确定好空间内框架、结构以及建筑物的高低关系。

（2）用铅笔勾勒建筑结构时要确保画面整体比例和透视的正确性，并能完整地绘制出主体建筑。

（3）绘制时要能分清画面中近、中、远景的位置以及其中所包含的内容，要依据近景、中景、远景的顺序慢慢绘制，这种绘制形式也是为了更好地表现画面的层次感和空间感。

图3-48　办公楼建筑线稿（一）（余畅）

图3-49 办公楼建筑线稿（二）（余畅）

（4）远景绘制时一般选用比较简洁、概括的表现方式，近景绘制时则会更注重细节的刻画，注意构图和画面光影、虚实关系的合理性。

（5）建筑周边的植物绘制也应当重视，要处理好植物高低和前后的空间关系，要明确建筑物的高度和宽度，并能使整个画面处于一个干净、整洁的状态，画面比例、结构以及透视等也都能很清晰地表现在图纸上（图3-50、图3-51）。

图3-50 艺术博物馆线稿（魏芳巧）

图3-51　艺术博物馆线稿（魏芳巧）

3.4　规划设计线稿表现

规划设计的存在是为了更好地进行城市建设，本节将重点讲解规划线稿的绘制要点，并通过对规划空间线稿的赏析来更形象地讲述规划线稿绘制的技法。

3.4.1　规划设计线稿绘制要点

规划设计内所含的内容较多，绘制时要有逻辑、有规律，具体绘制要点如下。

1. 做好规划体块绘制练习

规划设计中包含有众多建筑物，前文已经阐明这些建筑物均由几何体衍生而来，在绘制规划线稿之前同样需要做好体块绘制的练习，以便能够更好地强化设计元素在图稿上的三维效果。

2. 选择合适的透视角度

一般规模较小的场景可选用一点透视或两点透视的方式表现，视高处于正常值，多为1700mm；规模较大的场景，如商业街景，则多选用三点透视或轴测图的方式来表现，此时视点的高低则需依据场景的规模大小来定（图3-52）。

3. 建筑规划布局形式

（1）绘制时需明确规划内建筑群体与基地主要有占领、填充、单边、围合以及关联等关系，在图纸中要能表现出规划场地的特征、使用功能以及相关技术指标等。

（2）住宅规划区内的建筑布局形式主要有周边式、点群式、行列式以及混合式等几种比较典型的布局形式，在绘制时要依据住宅区规划格局的不同选择合适的布局形式，并能在图纸上清楚地表现出各种不同布局形式的特点。

（3）明确建筑布局形式后，要能够利用线条以及对空间秩序感和协调感的把握，从而在图纸上营造出一个内容丰富且运笔流畅的规划空间（图3-53、图3-54）。

3.4.2　规划空间线稿解析

通过观察和赏析的形式能够获取更多关于规划设计线稿绘制的技法，在赏析的过程中也能更深层次地理解单体建筑与群体建筑之间的比例与透视关系（图3-55）。

图3-52 规划设计立体化线稿

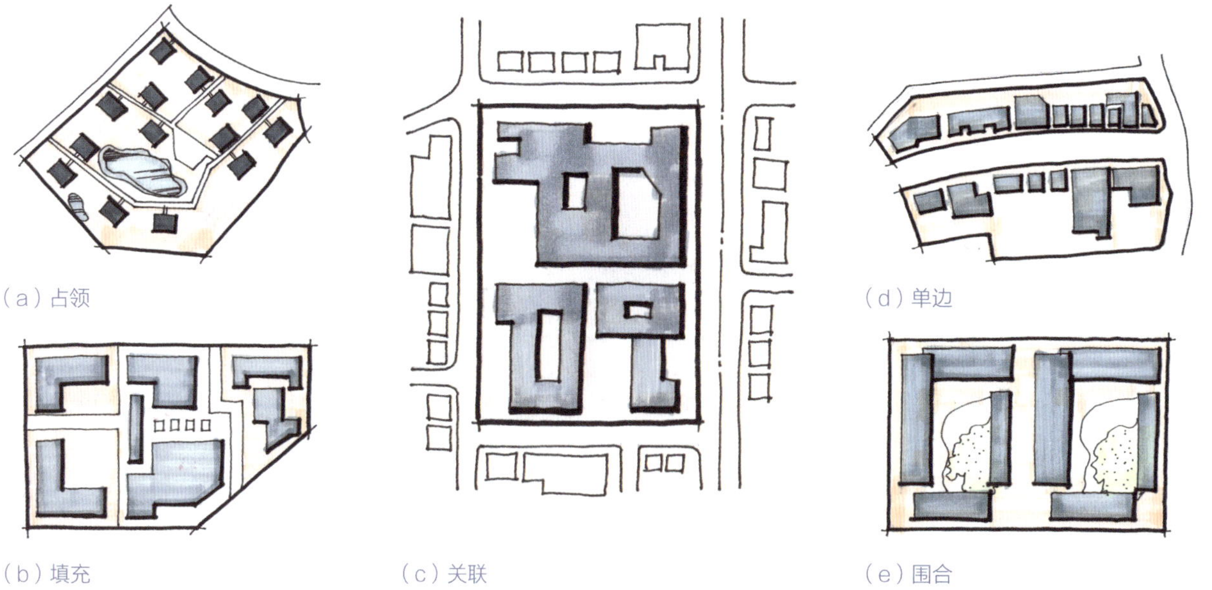

图3-53 建筑群体与基地关系示意图

图3-53（a）：建筑群体内建筑之间的关系很微妙，既要交通便利，视觉美观，还要减少占地面积，能全面反映设计者的综合设计能力。占领的布局特征是楼间距较大，视野开阔，人口密度低，适合独立别墅建筑群规划。

图3-53（b）：填充适合面积较小的异形规划用地，建筑造型与规划用地形态相匹配。

图3-53（c）：单边布局多以道路或河流为依据，建筑沿着地缘轮廓布局。

图3-53（d）：围合是利用建筑构筑成围墙的造型，形成内部院落。

图3-53（e）：建筑造型之间存在关联，单体建筑之间的造型特征相似，形成统一、整体的视觉效果。

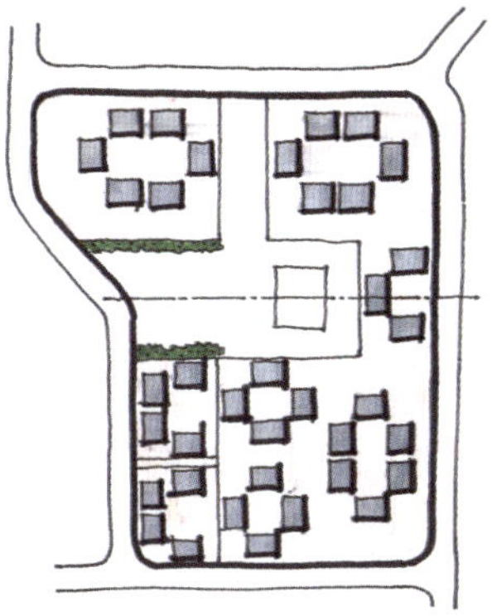

（a）群化式

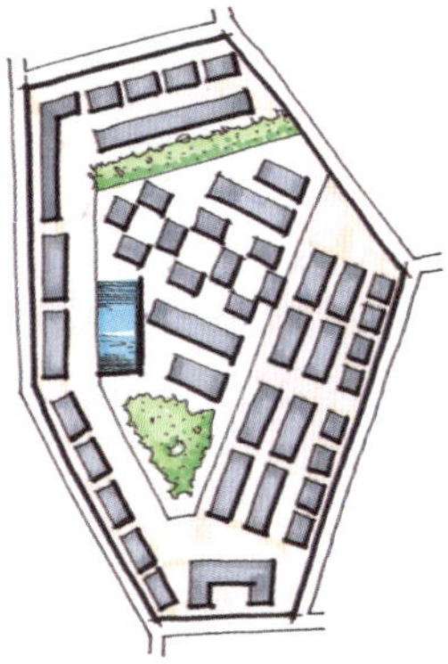

（b）综合式

图3-54（a）：群化建筑在整体视觉上具有整齐感与序列感。对建筑进行分区，形成多个单元，便于使用管理。

图3-54（b）：综合规划多适用于因地制宜的不规则区域，建筑在区域内采取多种布局形式。在区域内部又划分有多个单元独立设计。

图3-54（c）：在规划区域内设计一处中央景观，建筑环绕在景观周边，形成团组状，具有明确的设计主题感。

图3-54（d）：建筑造型统一，布置形式整齐划一，具有一定对称感，有效利用区域面积。

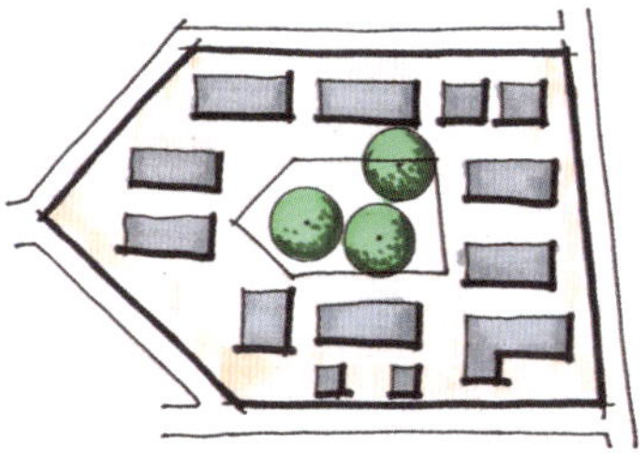

（c）环绕式

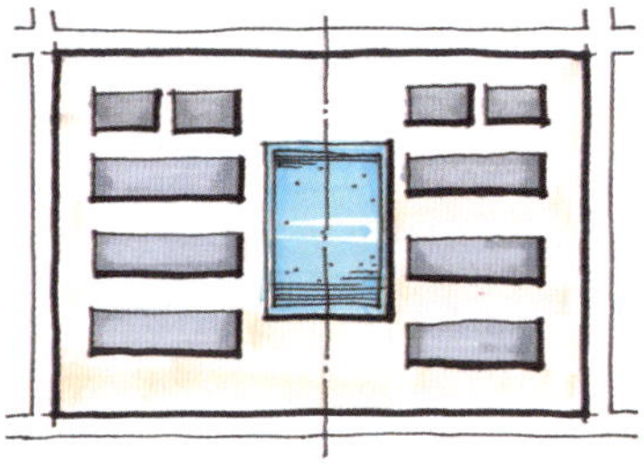

（d）阵列式

图3-54　住宅规划区内的建筑布局形式示意图

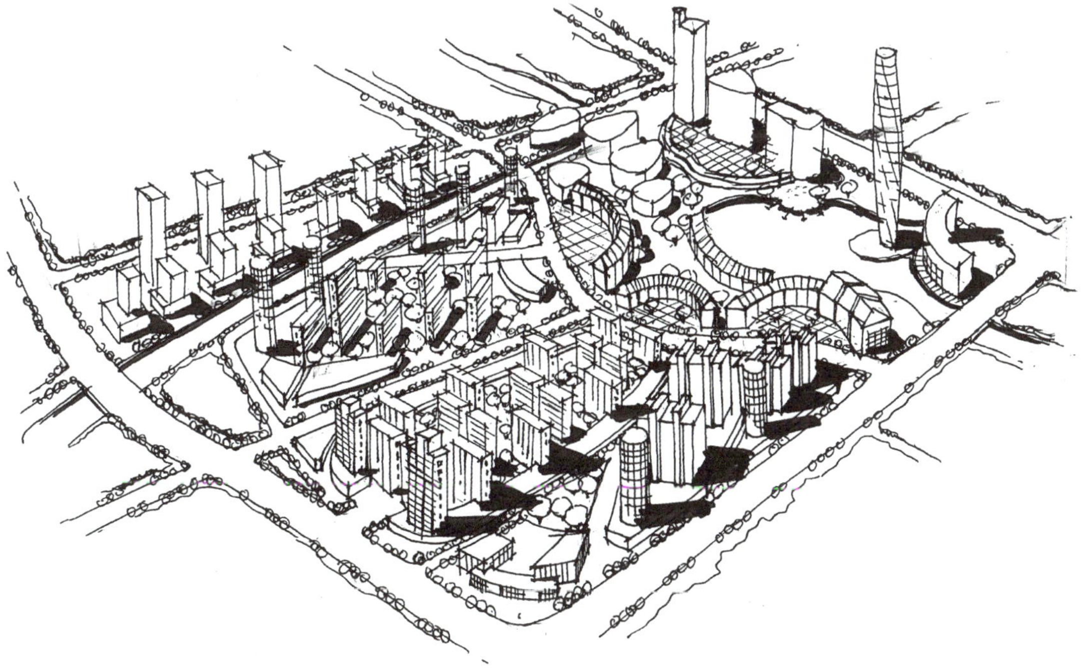

（a）规划空间线稿

图3-55　规划空间线稿

图3-55（a）：以湖面为平面布局的视觉中心，向建筑群体辐射扩散。放射形道路划分建筑区域，形成多个单元。

（b）规划空间中部分建筑放大后线稿

图3-55 规划空间线稿（续）

本章小结

本章系统讲解了建筑表现的线稿绘制方法，从握笔与线条基础训练方法开始，逐步介绍线稿的练习技巧与透视方法，细致描述了一点透视、两点透视、三点透视的表现技法。列出大量建筑表现的构造、配景，进行分解练习，覆盖建筑设计与规划设计的知识要点，并对线稿作品进行深度解析。强调塑造建筑表现与快题设计的基本功，为着色表现打好基础。

●课后练习

1. 正确握笔姿势是什么？
2. 长线条与短线条各有什么特点和优势？怎样合理运用这两种线条？
3. 参考本章图3-4，临摹绘制线条具体表现图稿。
4. 慢线与快线各有什么特点和优势？怎样合理运用这两种线？
5. 参考本章图3-13，临摹绘制各种长短直线图稿。
6. 选择一幅建筑图片，分别运用一点透视和两点透视绘制建筑线稿。
7. 选择一幅较高耸的建筑图片，运用三点透视绘制建筑线稿。
8. 参考本章3.3建筑设计线稿表现的内容，临摹绘制绿化植物、山石、水景等建筑配景。
9. 考察当地市政公园，根据网络地图，重新设计并绘制鸟瞰图线稿，并选择其中一项建筑绘制两点透视图线稿。

第4章

文字与思维导图

学习难度：★★★☆☆

重点概念：标题文字、思维导图、设计说明

章节导读：文字在建筑快题设计中具有一定的指导含义，它能有效地传递设计信息，同时文字与快题设计图稿中的效果图以及平面图等还需能够高度匹配，不可出现词不达意或者图不达意的现象。本章主要介绍标题文字书写、思维导图绘制以及设计说明书写等内容，并能通过对这些内容的了解从而明确文字书写在快题设计图稿中的重要性。

图4-1：文字标题是表明设计内容的核心，思维导图配合文字表述对设计图进行辅助表意，最终形成完整的快题设计图稿。

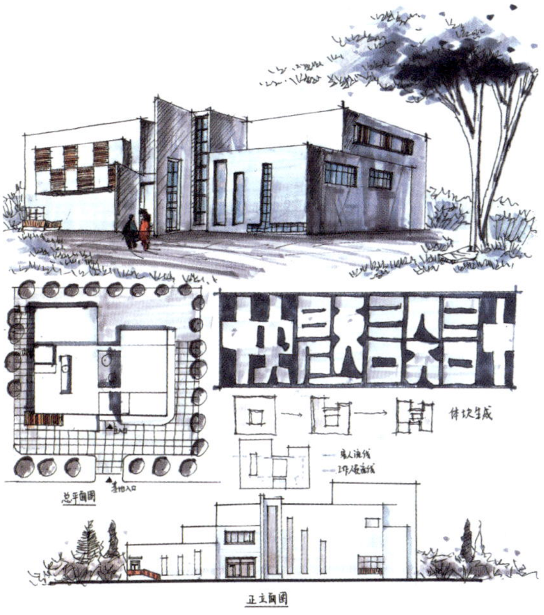

图4-1　快题设计会所（周浪）

4.1　标题文字

标题文字一般为短语，能够言简意赅地表达设计意图，通常处于比较明显的位置，且字符大小要大于其他设计类文字。

4.1.1　标题书写方法

标题文字是快题设计图稿不可或缺的一部分，在具体书写时要注意以下几点。

1．书写要求

标题文字书写首先字迹应当清晰、整齐，其次是所写的文字要具有美感和设计感，要能平衡画面，并能有效丰富画面的视觉效果，一般可选用黑体、POP字体或其他艺术体等来书写标题文字。

2．文字大小

标题文字的字号要适中，不可占据过多的版面，也不可过小，过小会影响整个画面的构图。

3．标题内容

标题文字的内容要切合设计主题，可以直接点明设计概念，也可选用富有文学韵味的短语间接说明设计主题。

4．标题色彩

标题文字的色彩不可过于鲜艳，要能与整体画面的基本色调相互协调，主副标题的色彩可以不一致。

5．标题位置

一般建议将标题文字置于快题设计图稿的左上角区域或右上角区域，依据图稿内容的不同还可置于设计图稿的右下角区域，注意控制画面平衡（图4-2）。

4.1.2 标题文字书写解析

对优质标题的解析既能增强绘图者的书写能力，同时也能增强设计者的自谦心态，并能通过对优质标题的借鉴与分析，从而将书写技巧融入标题设计中（图4-3～图4-7）。

（a）骨架草稿

←标题文字的线稿绘制首先需要依据画面大小确定字体高度，然后再勾勒出大致的字体轮廓。

（b）马克笔书写

←基础着色要控制好着色范围，可选用同色系但不同深度的色彩，这样标题文字的层次感和视觉效果也会更好。

（c）文字修饰

←为了增强标题文字的立体化效果，在文字底部可适量增添深色，并选用另一种补色作为标题文字的背景色，以便能更好地突出标题文字。

图4-2 标题文字书写步骤

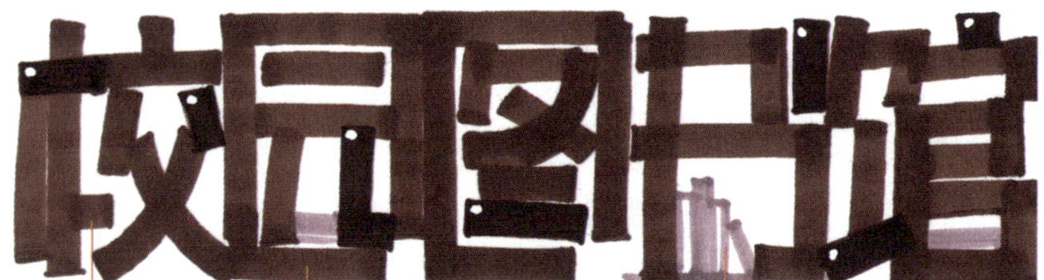

粗线字体与细线字体相搭配，在视觉上形成主次关系，适用于表现文字数量较多的标题。

白色涂改液表现出文字笔画的重点部位，提示标题的重要性。

标题文字数量较多时可以贴近笔画，但是字形结构要注意分离。

增加投影来强化文字的体积感，让文字表现为立体化效果。

适当点缀绘制与文字标题相关物品形象，提升文字的表意效果。

在笔画末端增加少量纹理，能提升字体结构的稳重感。

图4-3 标题文字解析（一）

文字背后绘制少量建筑场景，用色层次低于文字主体，形成较丰富的对比。

笔画简单的文字可以变化较大，形成对称感较强的图形。

骨架形文字的色彩搭配应当差异较大，形成强烈对比，突出文字内容。

强化文字高光的形态，有助于进一步提升文字的立体效果。

笔画较简单的文字，需要延伸笔画的首尾端头位置，让笔画显得更充实饱满。

马克笔书写的笔画在叠加时会产生重合，色彩略深，借用这种特征可以强化笔画交错叠加的色彩，形成较强的体块感，让文字显得更端庄。

在骨架笔画的端头稍作停留就能强化端点，让文字构架更稳重。

笔画弯曲较多的字形结构，应当简化笔触的转角，将较大的转角简化为较小的转角，让文字显得简洁挺括。

图4-4　标题文字设计（二）

在笔画环绕的结构中填涂色彩，形成封闭感，能提升文字的重量感，适用于结构简单且形态较大的文字。

短弧线纹理能营造出复古风格，与棕色相搭配，让标题文字显得更加厚实稳重。

将文字排列紧凑，让笔画相互叠加压制，营造出较强的集中感，适用于笔画较粗的字形。叠加的分界线采用白色笔或涂改液区分。

如果字形结构特别简单，应当拉伸部分笔画，让字形结构显得饱满充实，但是也要注意避免造成字体变形，导致无法正确识读。

当字形结构与笔画密度适中时，可以拉开笔画之间的间距，填充色彩强化背景，突出标题文字特色。

在字体设计中可以简化部分文字中的部分笔画，让文字变为图形符号，形成较强的装饰感。

强化文字的体积感可以增加单边投影，同时在笔画中预留飞白痕迹，表现出高光与体积感。

适当增加断续的边框，能增强文字的整体感。

图4-5 标题文字设计（三）

较粗的笔触主要表现为字形结构的扩展，主体文字的骨架结构清晰明朗，文字书写与图形表意相互关联，形成完整的图示化标题文字。

绘制简单的图形来填充画面空白处，图形与文字有一定关联。

绘制简单的陶艺器具作为文字标题填充，在图形底部填充色彩来强化图形的重量感。

横画较粗，竖画较细，适用于横画较少的文字结构，整体文字可以向一个方向略微倾斜，具有动态效果。

适当搭配英文或其他语言，用于强化表意，但是内容不宜过多，避免拼写错误。

在文字底部划线是对文字标题内容的强化，划线的色彩不宜过深。

对局部文字笔画进行变形处理，多由直线变为曲线，且曲线富有规律，形成较强的动态效果。

图4-6　标题文字设计（四）

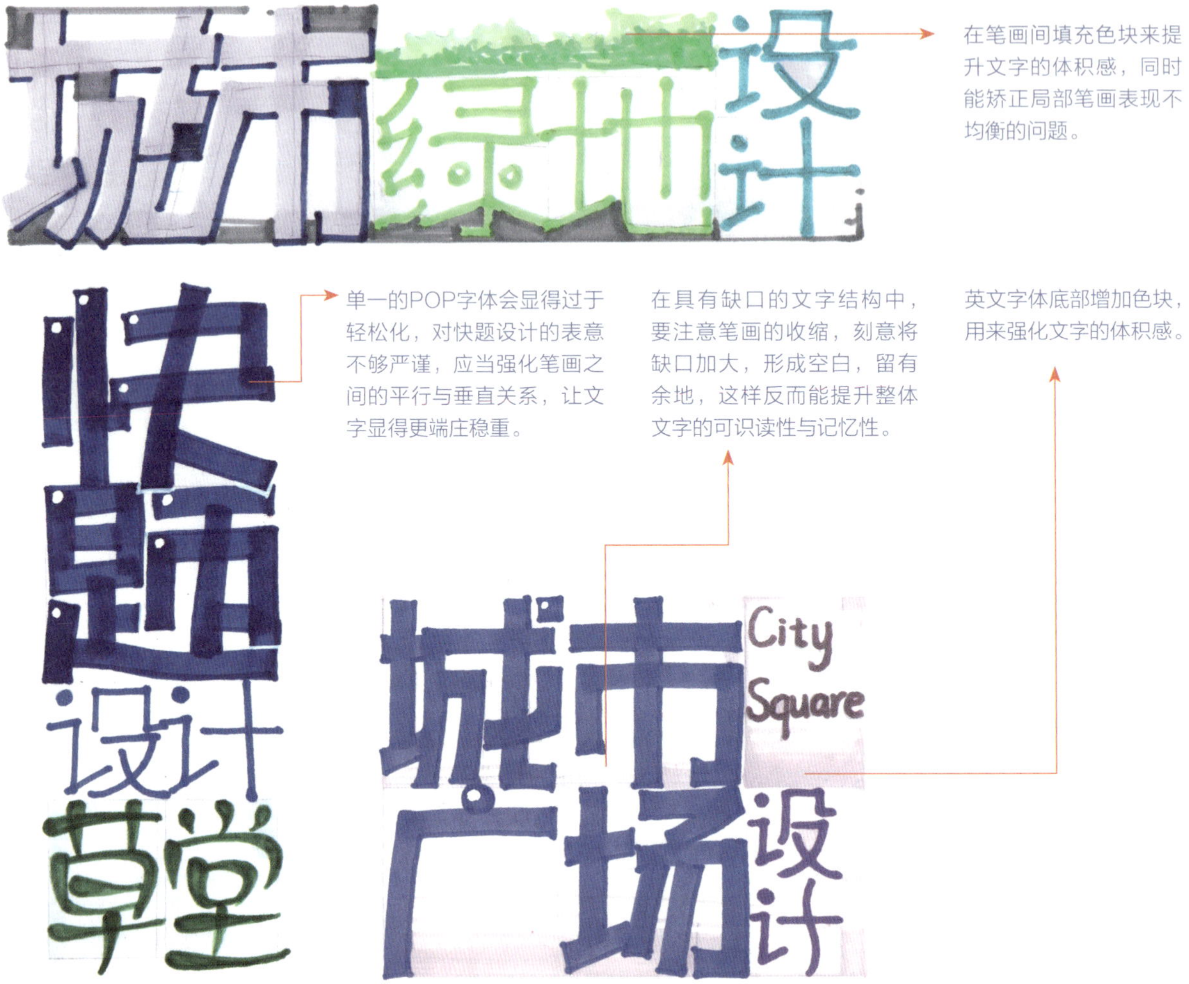

图4-7 标题文字设计（五）

4.2 思维导图

思维导图在快题设计图稿中主要起到引导分析的作用，它的绘制比较简单，能够很好地表现设计思维，能够通过中央关键词或中心设计思想，从而发散思维，联想到一切与设计主题有关的东西，一般快题设计中常用的思维导图有气泡图、过程图、导向图、关系图以及简表图等。

4.2.1 思维导图

在绘制思维导图时要拥有一个严谨的心态，要能明确图文合并以及图文高度契合的重要性，并能通过关键词、图像以及色彩等建立具有记忆点的结构图。

1. 作用

思维导图具有一定的指向性，它不仅能够表达设计重点，同时也能将设计的内容详细化，对于构建与设计相关的结构框架也很有帮助。

2. 绘制注意事项

（1）思维导图在绘制时首先必须明确所绘制的内容要具备可读性和美观性，所选用的图像或者短语等能够清晰地传达设计意图。

（2）思维导图绘制会选用不同的色彩，这些色彩可以与效果图中的色彩相近，也可互为补色，但所选用的色彩一定要相互协调，说明文字的引线色彩也要能与图像色彩相搭配，注意控制好思维导图在设计图稿中的比例（图4-8）。

4.2.2　气泡图

气泡图可具象分析设计内容，同时也可形象化地表现设计布局，常见的气泡图包括区域分析图、建筑功能分区图、绿化景观分区图以及功能分析图等（图4-9）。

4.2.3　过程图

过程图主要用于展示设计元素从设计初期到设计实现的一个过程，这类图纸具有明显的指向性，通常是面到体或者简单到复杂的一个转变过程。

1. 绘制要具备逻辑性

所有的设计都必须遵循“循序渐进”的设计原则，这要求在绘制过程图时要分步绘制，并使用带有指向性的箭头来点明设计发生的顺序和逻辑。

2. 绘制色彩不宜过于复杂

为了丰富过程图的图面效果，可为其简单着色，由于过程图所占的面积比较小，因此多以浅色为主，如浅灰色、浅紫色或浅橙色等。在绘制过程图时，要考虑到整幅图稿的色彩配比，过程图的色彩既要能与整体色彩相协调，又不可过于突出，出现喧宾夺主的情况。

3. 绘制的透视方向要正确

过程图一般位于整幅快题图稿的下方，在绘制线稿的过程中要处理好透视的问题，着色时则要处理好四边的涂色问题以及明暗面的深浅问题（图4-10）。

↓基础框架绘制要注重轮廓的完整性。

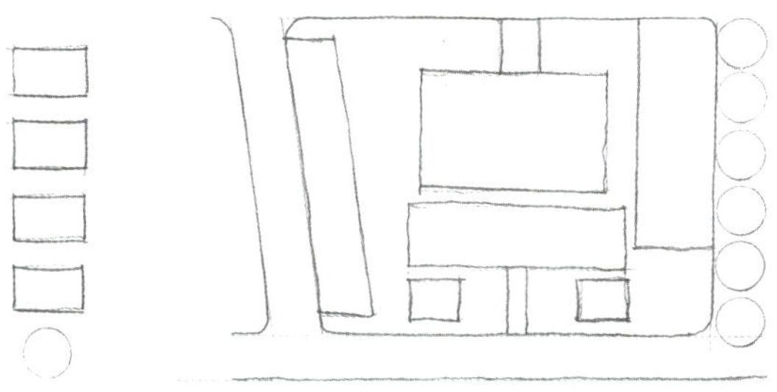

（a）步骤一：绘制框架

↓完善框架内部内容，并添加说明文字。

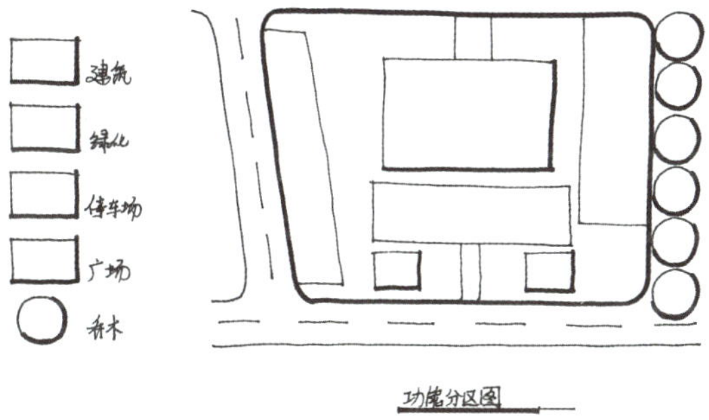

（b）步骤二：完善线稿

↓基础着色要注重色彩的搭配度和不同色彩在图稿中所占的比例。

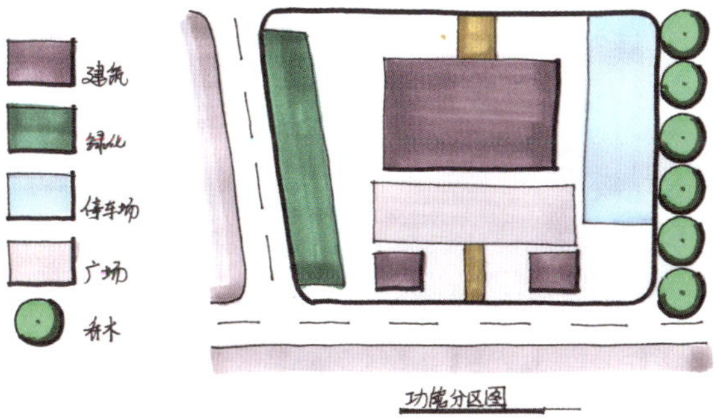

（c）步骤三：基础着色

↓为了区分不同的绿植，可在马克笔涂色表面再覆盖一层倾斜的彩铅线条或选用细笔触的马克笔再绘制一层斜线条。

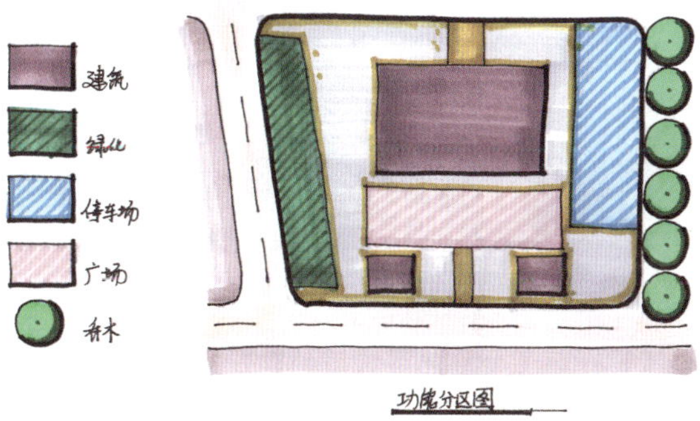

（d）步骤四：刻画细节并完善

图4-8　思维导图的绘制步骤

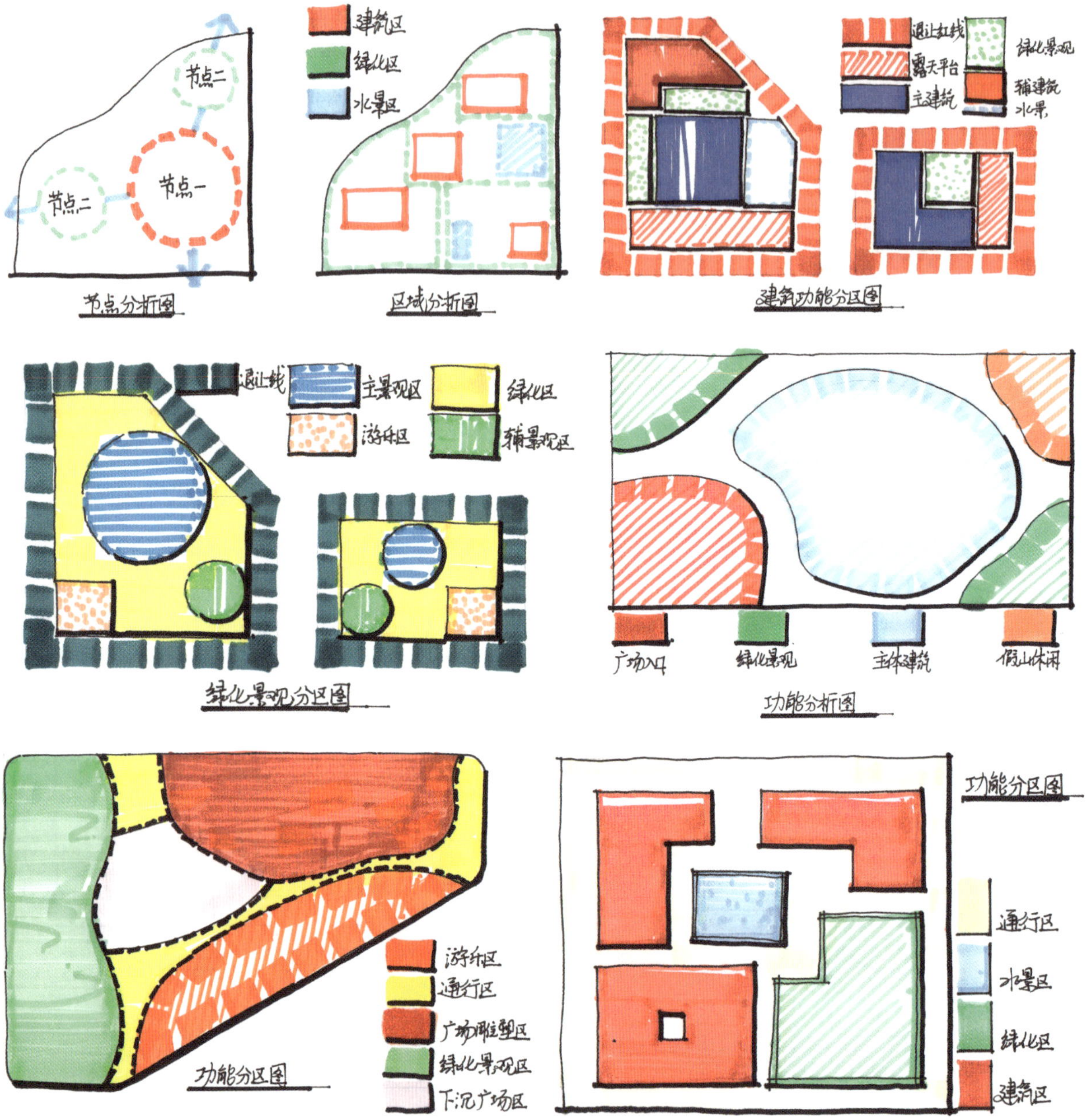

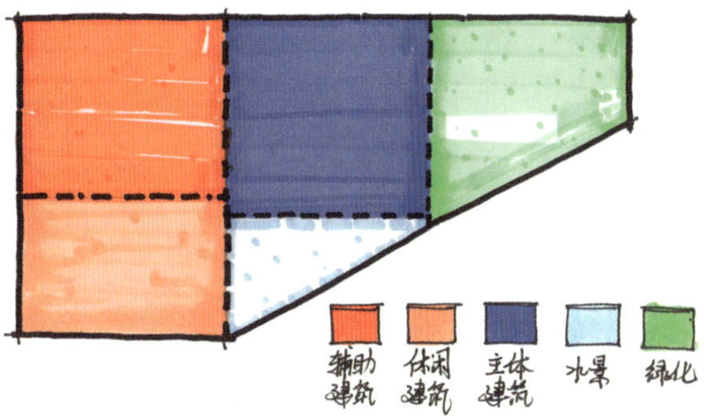

图4-9：气泡图的形态十分丰富，可以根据具体建筑形态与规划布局绘制出具体图形。由于这类图占据的版面面积较小，因此在色彩搭配上尽量为高饱和度，能快速吸引评卷老师的目光。由于色彩较丰富，还需要在气泡图中增加色彩标识图例，引导正确的读图顺序，从而让评卷老师快速抓住重点。

图4-9 不同形式的气泡图

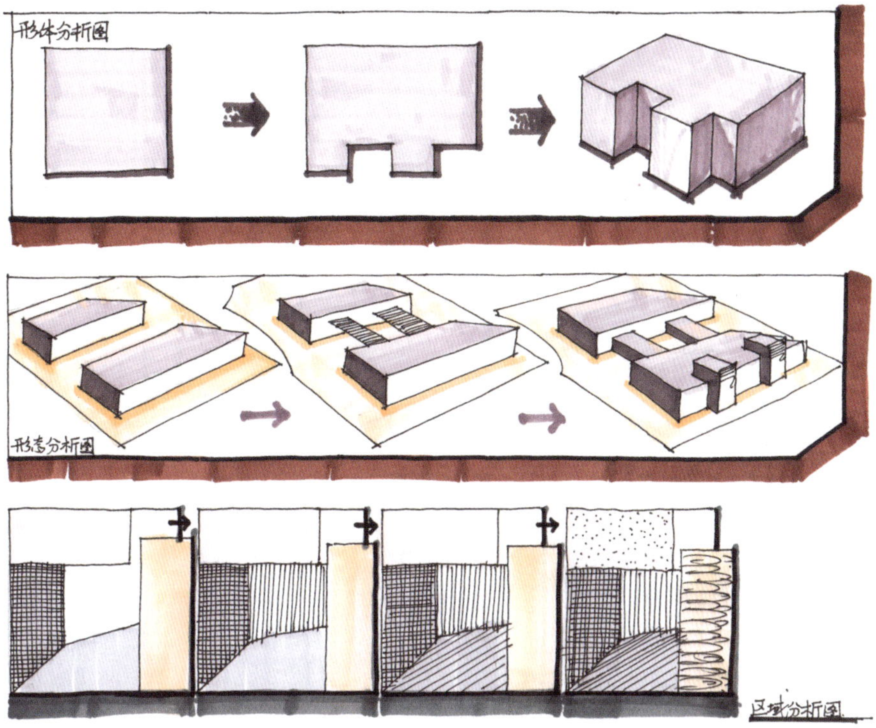

图4-10　过程图表现

图4-10：过程图表达的是设计者的思维过程，大多数设计造型最初的形态来自几何形。几何形变化多样，能在最短的几个步骤中变化成所需要的建筑造型，适用于任何风格的建筑规划布局。着色应尽量简单，能表现出基础的体积感即可达到设计表现的目的。

4.2.4　导向图

导向图主要用于解释设计元素的基本动向，这对后期实际实施设计方案有比较强的指导意义。导向图多选用特定的符号和引线来表现设计特征，常见的导向图包括交通流线导向图、建筑区域交通导向图、道路分析导向图以及区域分析导向图等（图4-11）。

4.2.5　关系图

关系图能够明确表达出设计所包含的内容，主要通过文字和引线结合的形式来凸显设计方案中各设计元素之间的并列或包含关系。

1. 绘制要明确层级关系

在绘制关系图时首先必须明确的一点便是要能直观表现出各设计元素之间的层级关系，如主次关系或并列关系等。

2. 绘制要具备全面性

关系图是用于加深理解设计意图的一类图纸，因此在绘制时要能够囊括设计方案中所有的设计元素，并能利用单箭头或双箭头的引线表现不同功能特征设计元素之间的逻辑关系，同时为了丰富图面效果，还可为文字添加图框，并简单着色（图4-12）。

4.2.6　简表图

简表图是以表格的形式来阐明在设计过程中运用到的材料、绿植等的具体规格和特征，大部分简表图会配有相对应的图片，且配图一般为手绘彩图。

1. 注意比例

简表图在整幅快题图稿中所占的比例不大，在绘制时要控制好配图的比例，所绘制的配图要能运用线条和色彩来区别不同的材料和绿植。

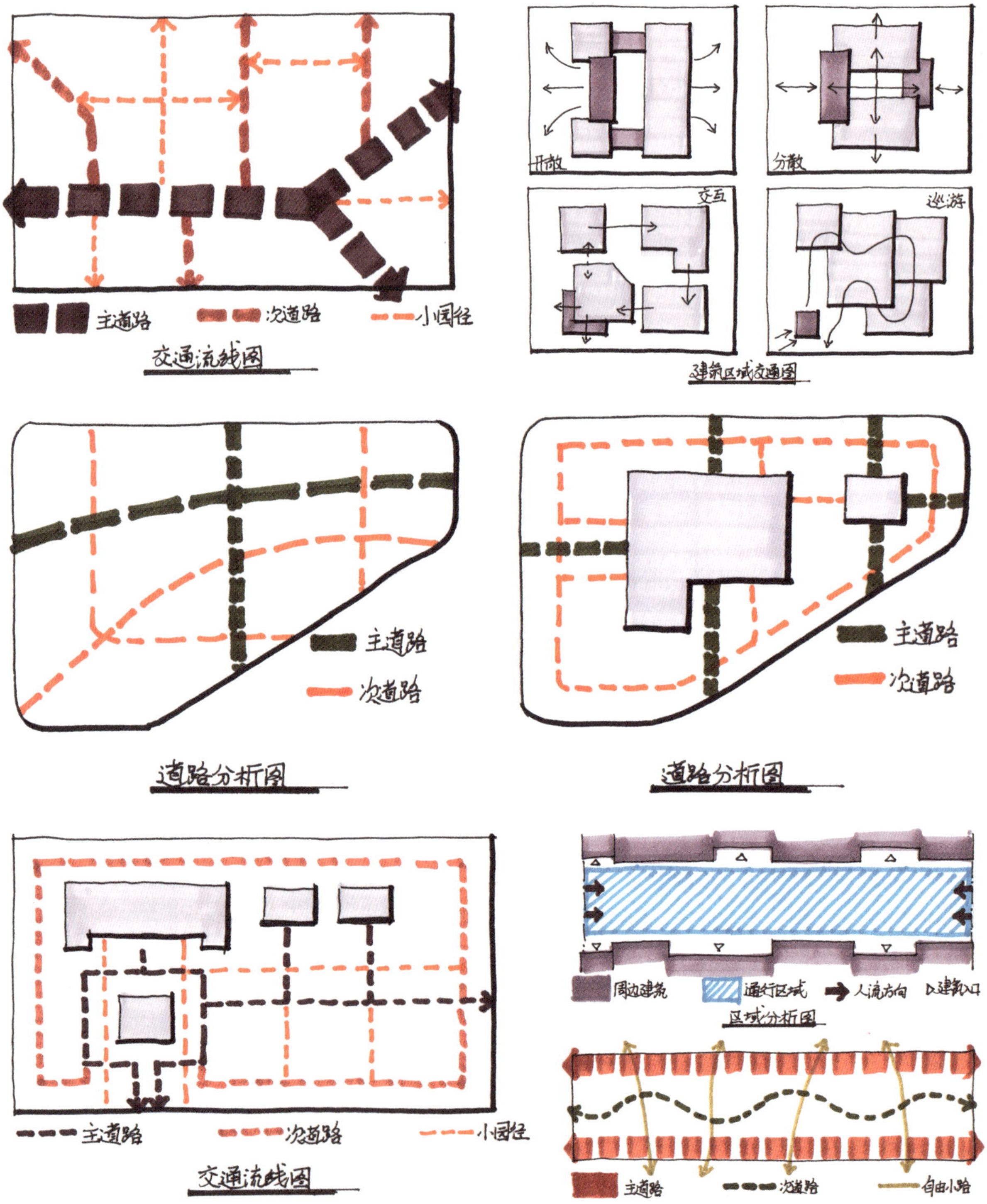

图4-11 导向图表现

图4-11：由于建筑轮廓为实线，为了与建筑构造有所区分，在导向图中的动线大多采用虚线标识，虚线的密度与动态规律应当有所区别，搭配不同色彩，能有效区分不同级别的动线形态。

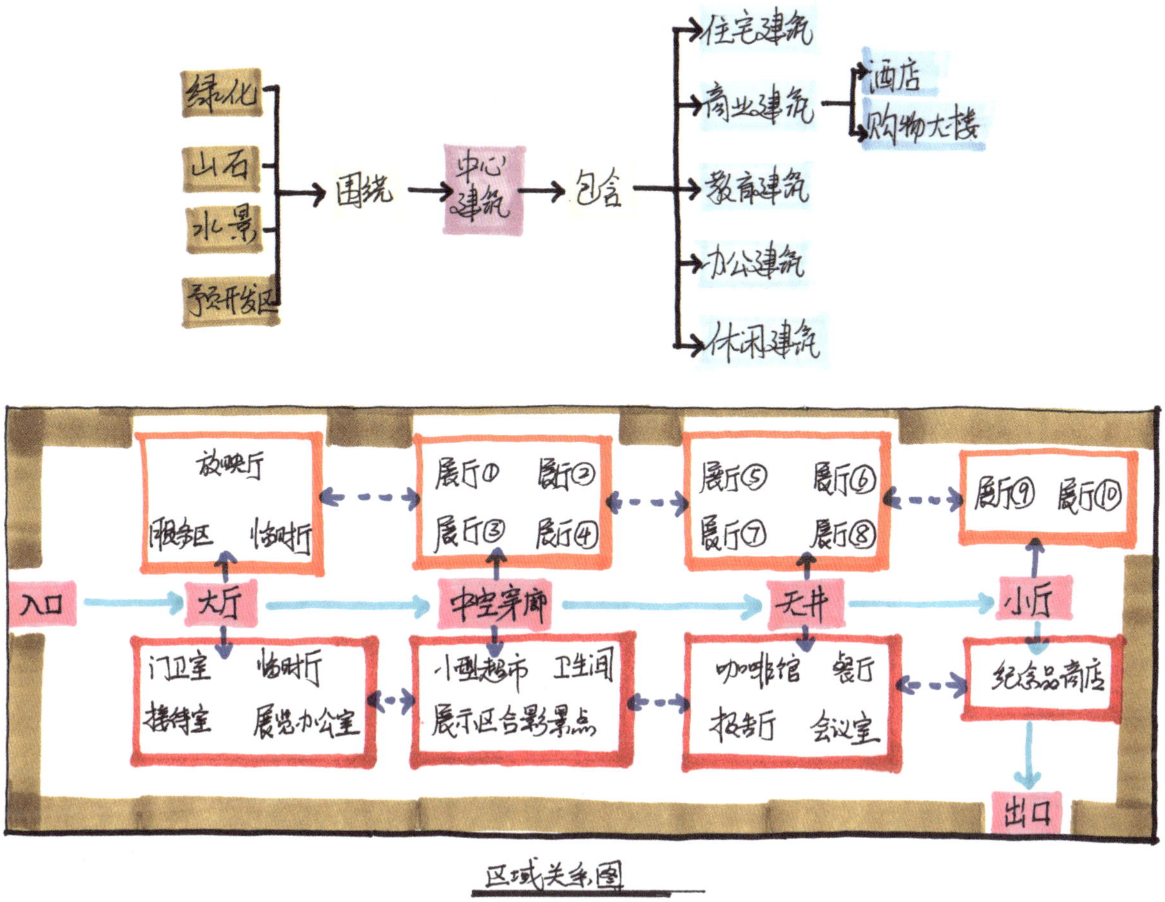

图4-12　关系图表现

图4-12：单纯使用文字来标识建筑与规划设计中的功能要点是不足的，应当搭配箭头与线条来强化功能区的位置关系。如果快题设计时间有限，可以以文字为主，附带简单图线与箭头来强化重点关系。

2. 注意配色

简表图的配色依旧要能起到平衡整幅快题图稿色调的作用，所选用的色彩建议参考材料或绿植的固有色，然后再考虑环境色，并注意小范围着色时更要处理好封边问题（图4-13）。

4.3　设计说明

设计说明要能清楚地表明设计的内涵、内容、要求以及对该设计方案是否可行的具体分析，所应用的词句要具备逻辑性，不仅立意要准确，书写字体大小、清晰度和完整度都应当符合要求。

4.3.1　设计说明书写

设计说明在书写时需要同时具备客观性和直观性。客观性要求设计说明能够明确地表达出设计方案的规划目的和规划过程，并能清晰地阐明设计元素所具备的各项功能和设计构造的特征。直观性要求设计说明能够传达出设计者所要表达的设计情感，能够清晰地表明设计方案存在的可能性和对城市建设及社会发展可能做出的贡献。

设计说明书写要求文字字迹清晰，设计说明的位置要符合版面要求，书写字数也应当控制在200～300字（图4-14）。

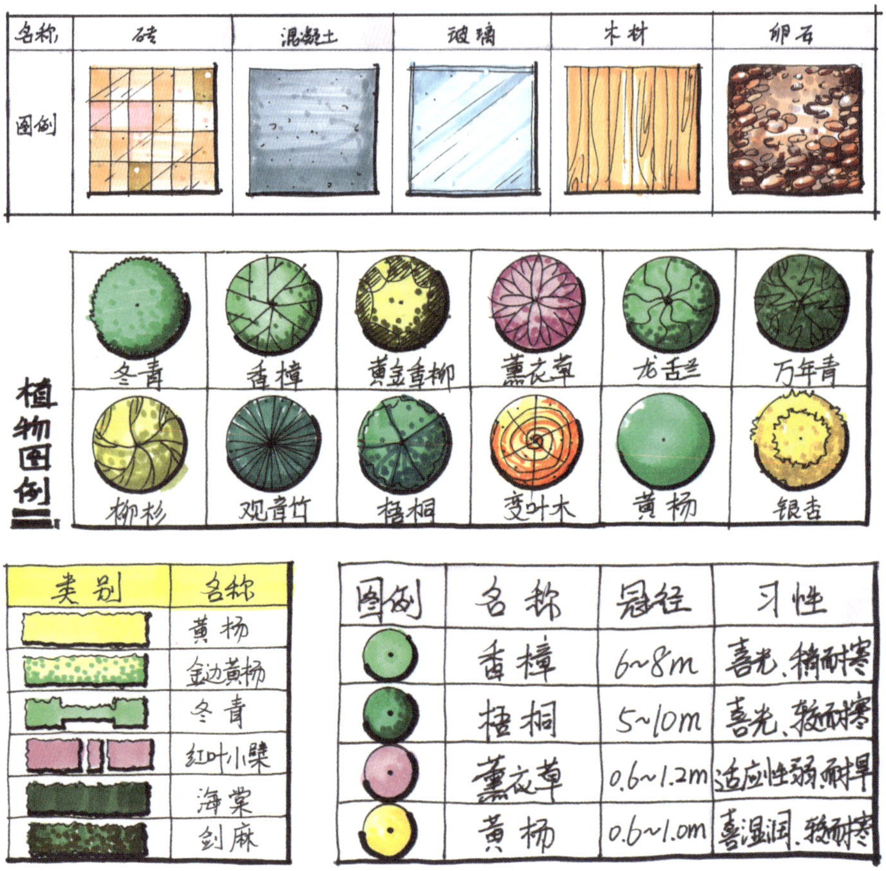

←表格的形式不拘细节，任何形式的表格均可，表意核心在于横向对比，能丰富快题设计画面的设计元素。

图4-13　简表图表现

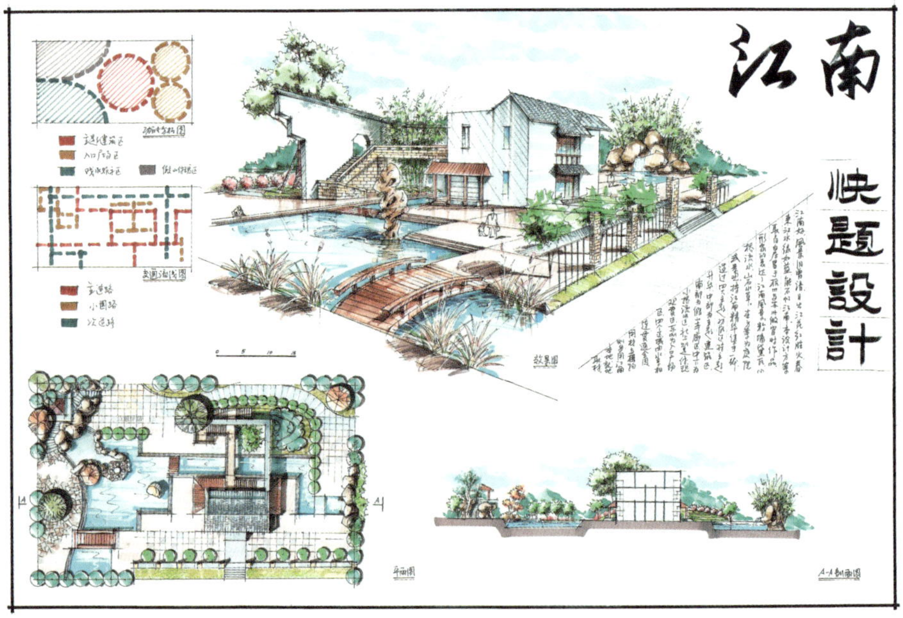

图4-14　快题设计江南景区建筑

图4-14　设计说明：

1. 形体创意：本设计方案为江南景区建筑设计，建筑以白墙灰瓦为主，且依山傍水，整个设计兼具现代气息和自然气息，建筑形体比较规整，与传统的建筑有相似之处，这种现代与传统的结合能够增强该建筑的艺术美。

2. 色彩材质：本设计中的主体建筑屋顶为灰瓦，外墙装饰选用了灰白色的外墙漆，很符合传统建筑特征，视觉感也很好。

3. 使用功能：该景区建筑周边环绕有水景和小品，观赏性和生态性比较强。

4. 适用群体：本设计项目山清水秀，适合建设远离城市的郊区地产项目，适用于度假和旅游群体。

5. 未来发展：未来富有情调且环境适宜的景区项目将会更受大众欢迎，这种建筑也能在一定程度上降低环境能耗。

4.3.2　设计说明修改案例

通过不同形式设计说明的对比，可以清晰认知到哪种设计说明形式更能凸显设计项目的魅力（图4-15、图4-16）。

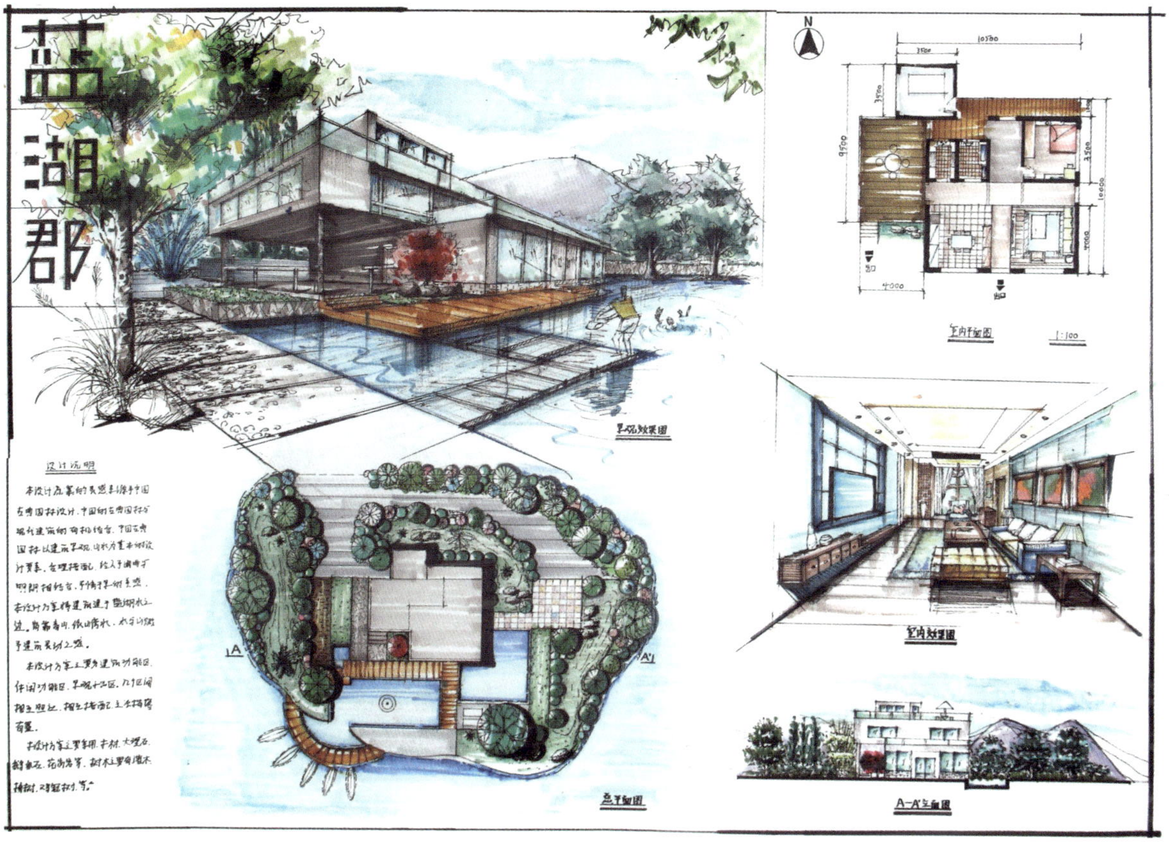

图4-15　快题设计蓝湖郡

图4-15　原设计说明：

本设计方案的灵感来源于中国古典园林设计，中国的古典园林与现代建筑的有机结合，中国古典园林以建筑景观、山水为基本的设计要素，合理搭配，给人以幽曲与明朗相结合、寓情于景的美感。本设计方案将建筑建于盐湖水之边，背靠青山，依山傍水，水与山赋予建筑灵动之感。

本建筑方案主要分建筑功能区、休闲功能区、景观小品区，几个区间相互照应，相互搭配。本设计方案主要采用木材、大理石、鹅卵石、花岗岩等，树木主要有灌木、杨树、鸡冠树等。

新设计说明：

1. 形体创意：本设计方案为蓝湖郡建筑设计，该设计方案的灵感来源于中国古典园林设计，设计中的主体建筑在古典园林的基础上又结合了现代建筑的特征，整个设计能营造一种轻松、愉快、明朗的氛围。
2. 色彩材质：本设计中主体建筑的主色调为冷灰色，偏暖的棕色木质栈道能够很好地表现出栈道的材质特色，主体建筑所选用的材料有木材、大理石、鹅卵石及花岗岩等，树木主要有灌木、杨树及鸡冠树等。
3. 使用功能：该建筑功能比较强大，包含建筑功能区、休闲功能区以及景观小品区，观赏性和实用性比较强。
4. 适用群体：本设计项目位于盐湖水之边，依山傍水，适用于度假和旅游群体。
5. 未来发展：本设计方案极具灵动之感，在未来会更多注重建筑与周边自然环境的协调关系，这也是大众关注的焦点。

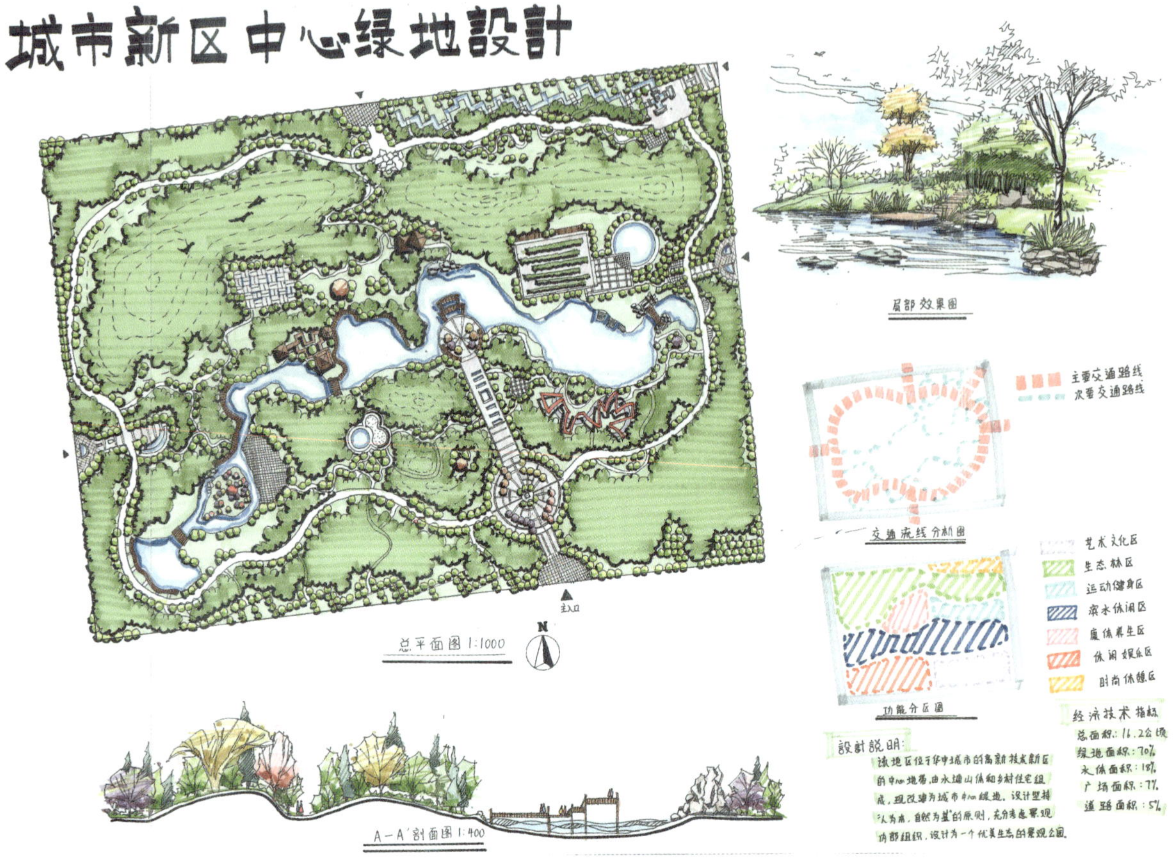

图4-16 快题设计城市新区规划（张辰）

图4-16 原设计说明：

该地区位于华中城市高新技术新区中心地带，由水塘山林和乡村住宅组成，现改建为城市中心绿地，设计坚持“以人为本，自然为基”的原则，充分考虑景观内部组织，设计为一个生态优美的景观公园。

新设计说明：

1. 形体创意：本设计方案为高新技术新区的规划设计，该区域是在原来水塘山林和乡村住宅的基础上进行改革，改建后为城市中心绿地，整个规划设计遵循以人为本和可持续发展的原则，自然气息比较浓郁。

2. 色彩材质：本规划设计的主要设计元素为绿化带，设计中选用了不同色彩浓度的绿色以及少量的黄色、紫色以及粉色等来丰富画面的视觉效果，这些不同的色彩也指代不同的植物。

3. 使用功能：该城市新区设置有大面积的绿地，绿地周边环绕有水景和少量的建筑小品，观赏性和生态性比较强。

4. 适用群体：本设计项目适合建设环境优美的生态景观公园，适用于度假和旅游的群体。

5. 未来发展：随着城市化进程的加快，未来生态化产业将会得到更多人的欢迎，这也是为了更好地维持生态平衡和社会长久发展。

本章小结

本章主要讲解了建筑快题设计中标题文字、思维导图、设计说明的创作方法。分解标题文字中笔画细节，列出大量范例供参考。思维导图注重分析过程，将创意思维通过简单图形进行表述，辅助支撑主要建筑表现图。设计说明分点论述，先记叙设计内容，再作评论，从多个视角解决设计问题。

●课后练习

1. 标题文字书写重点是什么？
2. 参考本章图4-3～图4-7，练习马克笔标题文字书写技法。
3. 思维导图的作用是什么？
4. 参考本章图4-9，练习马克笔气泡图的表现技法。
5. 参考本章图4-11，练习马克笔导向图的表现技法。
6. 根据前面章节所完成的建筑表现练习，编写2份设计说明。

第5章

着色表现

学习难度：★★★★☆

重点概念：马克笔表现、彩铅表现、建筑着色、规划空间着色

章节导读：色彩能够很好地表达绘图者的情绪，同时也能向公众传达特定的情感，一份优质的快题设计答卷必定有着十分融洽的色彩关系。本章将通过介绍马克笔和彩铅的表现技法以及建筑和规划空间着色稿的具体表现技法来阐明快题设计图稿着色时的注意事项（图5-1）。

图5-1：在建筑表现线稿基础上采用马克笔着色，效率高，色彩关系明确，能强化明暗对比与层次感。

图5-1　建筑着色图稿（龚涵）

5.1　马克笔运用

马克笔又称为麦克笔，它拥有丰富的色彩，能够满足快题设计着色稿的不同要求，由于马克笔一端为扁头，一端为尖头，因此具体上色时要根据绘制部位和面积的不同选择合适的笔头。

5.1.1　马克笔表现技法

马克笔有水性和油性之分，一般水性马克笔的色彩鲜亮度比较高，油性马克笔则笔触比较自然，色彩也比较柔和。

1. 马克笔色卡

色卡主要用于着色和配色参考，它的存在也能帮助绘图者迅速进入着色状态。部分马克笔品牌会配有色卡，绘图者也可根据马克笔品牌的不同自制色卡，目前使用频率较高的马克笔品牌为国产touch3代产品，这种品牌的马克笔拥有比较丰富的色彩，全套有168种色彩，其中灰色系中的绿灰GG、暖灰WG、冷灰CG及蓝灰BG等能满足绘图的各种需求（图5-2）。

2. 马克笔技法

马克笔常规技法主要包括直线、平移以及点笔等，运用这几种表现技法需要明确着色边界，起笔和收笔都要符合绘制要求，运笔不可拖沓。

马克笔特殊技法主要包括扫笔、斜笔、蹭笔、重笔以及点白等，这几种表现技法可用于特定区域，绘制时要控制好运笔力度和运笔速度（表5-1）。

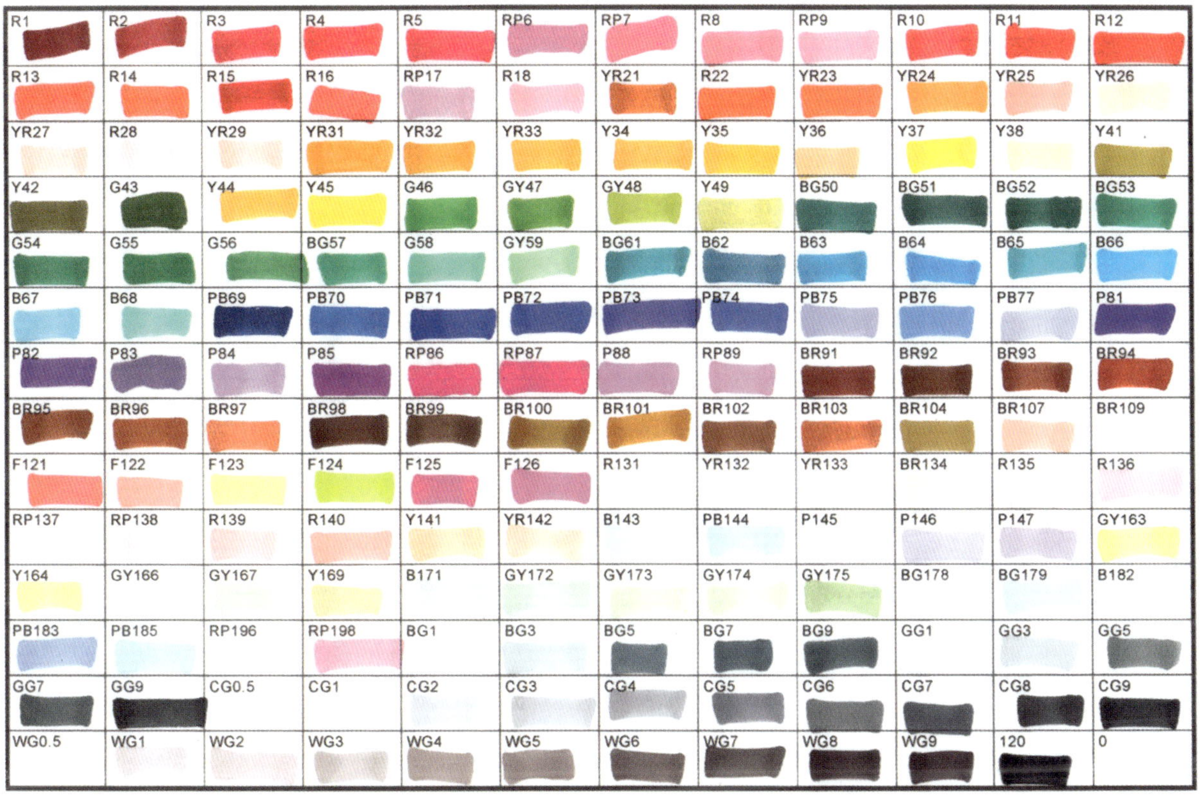

图5-2　马克笔色卡

图5-2：色卡具有一目了然的特点，根据色卡我们可以更快选择着色所需的颜色，为了在限定的时间内绘制更好的着色稿，建议将色卡熟记于心。

表5-1　马克笔表现技法

技法类型	具体表现形式	技法要点
直线	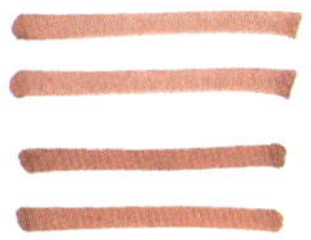	直线技法一般是用马克笔的侧锋绘制，比较适用于确定着色的边界线，绘制时要控制好下笔力度，为了拥有更好的视觉效果，起笔和收笔时要有所停顿，注意控制好停顿的时间
平移		平移技法适用于大面积着色，绘制时如果要形成比较好的视觉效果，首先下笔速度要稳，且必须干净、利落，起笔和收笔要果断，笔头不可长时间滞留在纸面上，这样会造成纸面积水，所绘制的线条也会出现晕墨的情况
点笔		点笔技法适用于蓬松物的绘制，也可用于不同界面之间的过渡或为大面积着色作点缀，绘制时要求马克笔的笔头能够与纸面完全贴合，绘制时可根据图面情况作各种提、拖、挑等动作，一定要注意边缘线和密度绘制的合理性
扫笔		扫笔技法适用于画面边缘或过渡区着色，技法重点在于如何更有规律地运笔，在运笔时需要绘图者能快速抬笔，并能根据线条绘制情况调整运笔速度，注意收笔不应过于明显

续表

技法类型	具体表现形式	技法要点
斜笔		斜笔技法适用于三角形区域或菱形区域着色，技法重点在于是否能够通过调整马克笔笔端的倾斜角度，从而获取不同的宽度和倾斜度
蹭笔		蹭笔技法适用于渐变部位和过渡部位着色，技法要求下笔速度要快，要能形成一个比较干净和柔和的画面效果
重笔		重笔技法适用于表现设计对象的投影部位，一般会选用120号、WG9号及CG9号等色彩浓度较深的马克笔绘制，这种技法能够有效增强画面的层次感
点白		点白技法适用于表现设计对象受光最多、最亮的部位，也可用于表现玻璃或光滑材质等的亮面部位，一般会选用白色中性笔或者涂改液来表现，前者可用于细节精确部位的点白，后者则可用于大面积点白

5.1.2 马克笔应用

马克笔可用于表现各种材质的形态和纹理特征，材质不同，所选择的色彩对比度和明暗对比度会有所不同。砖石、涂料等质地较粗糙的材质应选用比较平和的色彩和明暗度；玻璃、瓷砖及抛光石材等质地较光洁的材质应选用对比比较强烈的色彩和明暗度（图5-3）。

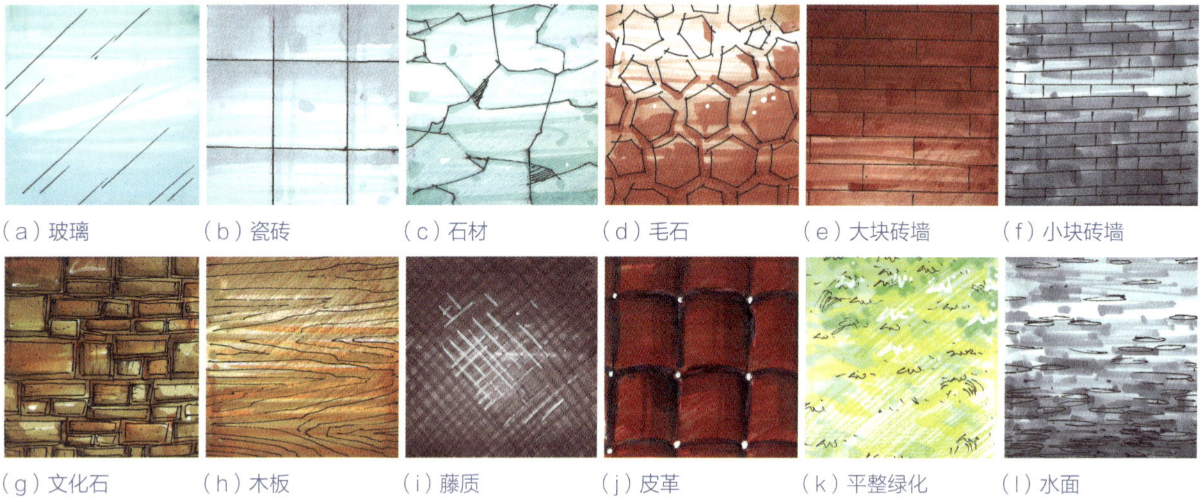

（a）玻璃　（b）瓷砖　（c）石材　（d）毛石　（e）大块砖墙　（f）小块砖墙

（g）文化石　（h）木板　（i）藤质　（j）皮革　（k）平整绿化　（l）水面

图5-3　各类常用材质表现

图5-3：玻璃、瓷砖、抛光石材等质地比较光洁的材质拥有对比强烈的色彩和明暗度，涂料与砖石等质地比较粗糙的材质拥有对比平和的色彩和明暗度。

5.2　彩色铅笔运用

彩色铅笔是用彩色颜料制作而成的一种绘图铅笔，主要用于点缀快题设计着色稿，主要分为水溶性彩色铅笔和不溶性彩色铅笔。

5.2.1　彩色铅笔特点

水溶性彩色铅笔能与马克笔色彩相融，其丰富的色彩和细腻的笔触能呈现出细致的画面效果。彩铅不仅适用于绘制画面中需要柔和过渡的区域，同时还可用于表现材质纹理，注意选用的色彩既不可过于鲜艳，也不可过于灰暗（图5-4）。

5.2.2　彩色铅笔表现技法

彩铅常用的绘制方式有排线和平涂两种，在绘制时不仅要确保下笔力度的适度性，同时还要保证线条方向具备一定的规律性，即使要叠加色彩，也要控制好叠加的次数，不可过多，以免出现用色杂乱的情况。此外，由于彩色铅笔拥有比较强的遮盖能力，且能够凸显出设计对象的厚重感，因此在着色时，可将其与马克笔涂色搭配在一起（图5-5）。

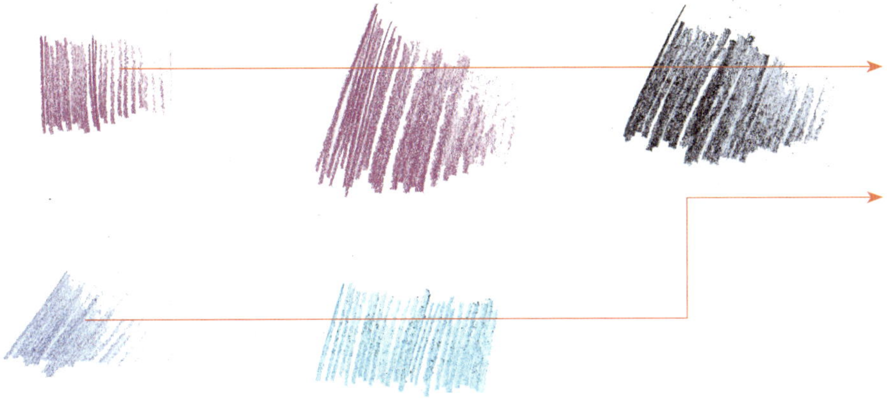

线条排列尽量整齐，笔触要求密集。

无论在什么区域内绘制，排列线条的角度以60°或45°为主。

图5-4　彩铅铅笔笔触（程子莹）

水溶性彩铅可通过与水适量融合，从而达到过渡色彩的目的，但必须注意在涂色时一定要待第一次涂色层完全干透后才可在纸面上另外加水调和，这样形成的色彩也会比较柔和，画面的透明感也会更强。

色彩间的过渡要自然、柔和，用笔要细腻。

图5-5　彩铅铅笔表现技法

5.3　建筑着色表现

本节将通过介绍建筑体块、建筑门窗、单体植物、建筑配景、建筑成图等内容来阐明建筑着色表现的具体技法。

5.3.1　建筑体块着色

建筑体块着色首先要考虑的是轮廓特征的具体表现，其次是阴影的范围及其存在的位置。在进行建筑体块着色练习时，必须明确的是光线不能改变建筑的形体结构，但不同的光源方向会造成建筑体块受光面和背光面有所不同。

在为建筑体块着色时，要明确建筑的明暗调子，要能正确选择不同体块之间的色调关系，要根据不同的体块面来选择合适的色调、色差及明暗度，这样所绘制的建筑才能更具多样性，建筑的体积感和层次感才会更强（图5-6、图5-7）。

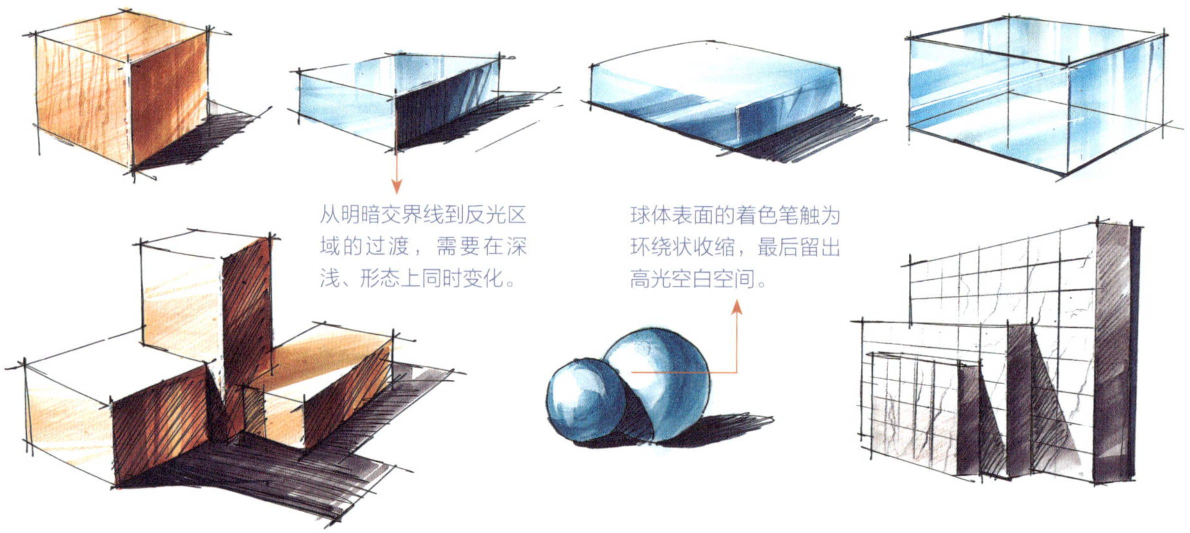

图5-6　建筑体块着色表现（程子莹）

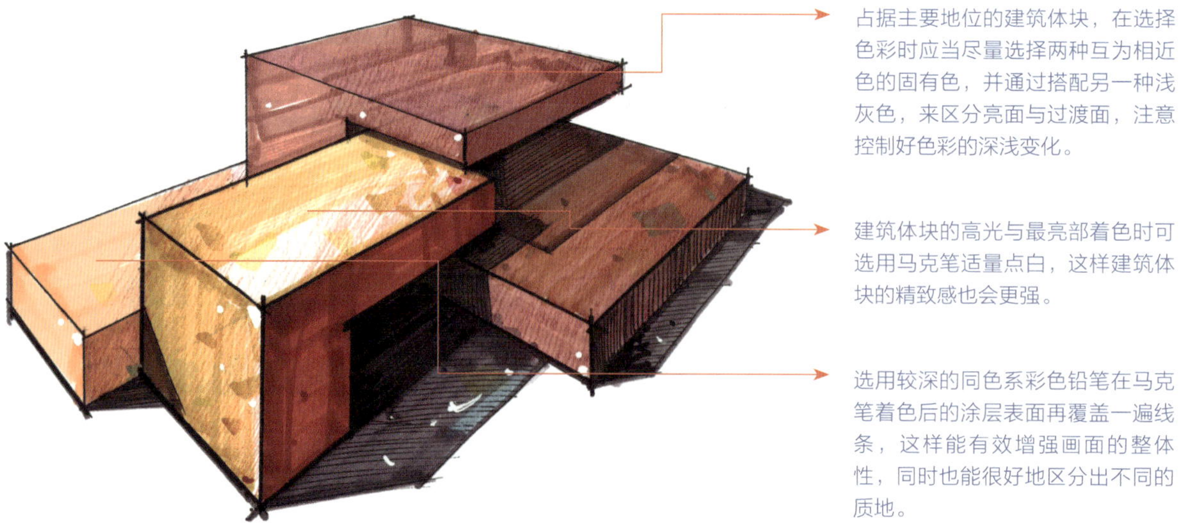

图5-7　建筑体块着色表现

5.3.2　建筑门窗着色

建筑门窗着色所选用的色彩要能清楚表现门窗材质特色，并能根据周边环境的变化随时调整色彩的浓度。由于建筑门窗的着色比较单一，为了丰富建筑的形象特征，在具体着色时，可通过分解门窗着色或添加建筑门窗周边色彩的方式来强化建筑门窗的视觉美感。

当建筑门窗玻璃面积较大，而周围环境较少时，可选用3～5种深浅不同的深色来表现玻璃的材质特征；当建筑门窗玻璃面积较小，周围环境较多时，则可选用1～2种深浅不同的深色来表现玻璃的材质特征。此外，要凸显出建筑门窗玻璃光滑的质感，可通过深浅色彩的对比以及对玻璃亮部的提亮处理来强化玻璃的明暗对比（图5-8、图5-9）。

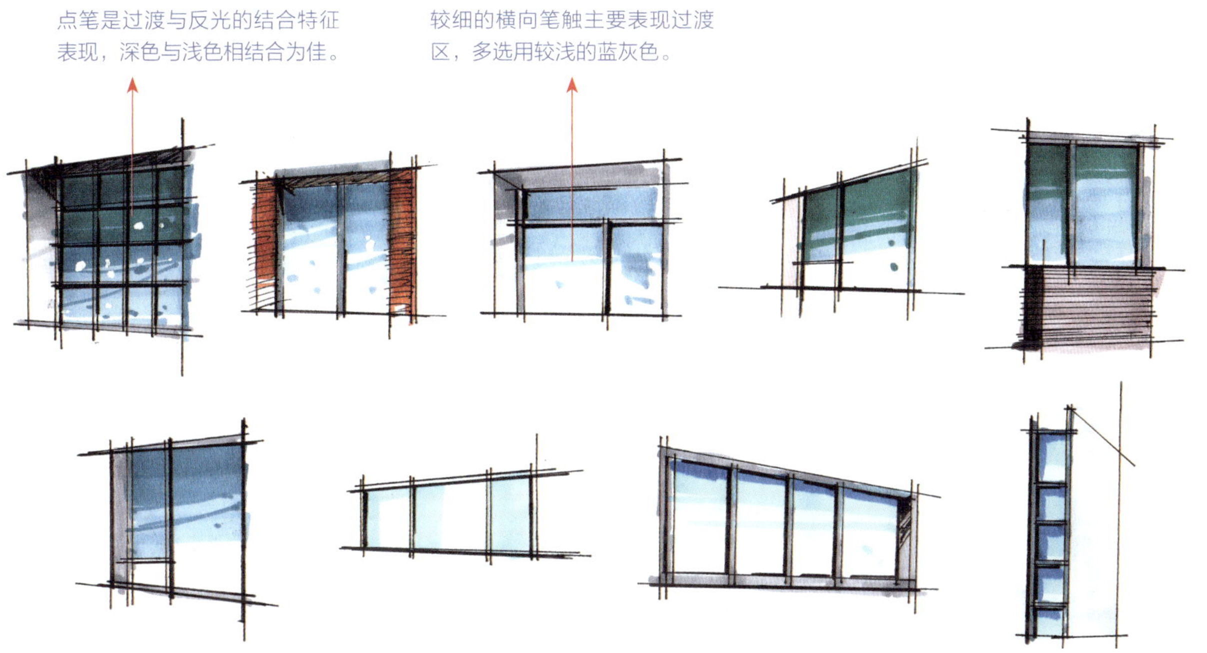

图5-8　建筑门窗单体着色表现（一）（程子莹）

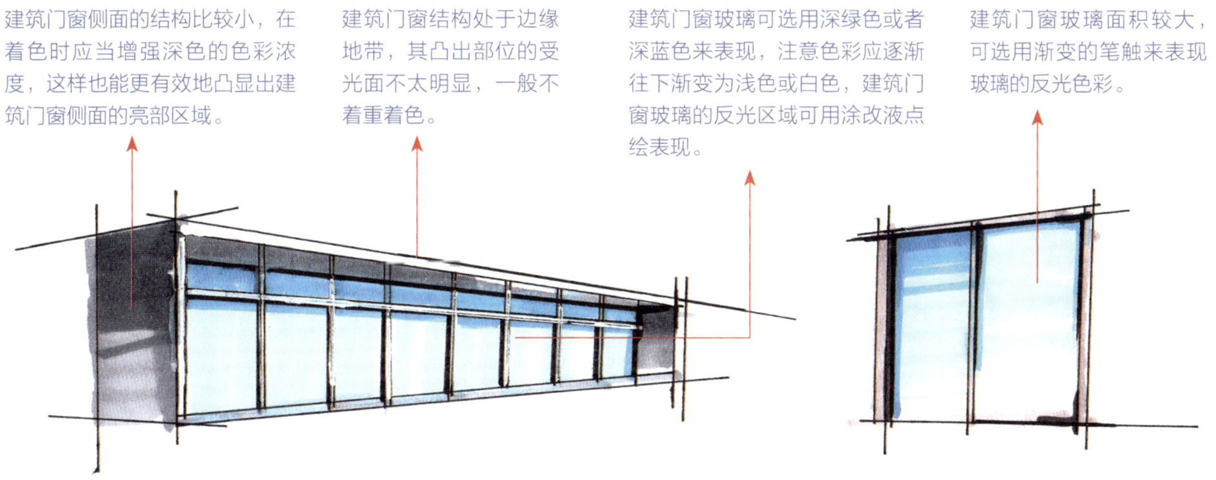

图5-9　建筑门窗单体着色表现（二）（程子莹）

5.3.3 单体植物着色

下面主要介绍乔木、灌木单体着色表现的具体内容。

1. 乔木单体着色表现

乔木植株一般较大，着色时要注重主次关系，要能表现出树冠轮廓的抖动特征，并能使其具备生动、自然的形体效果。在运用“一直二曲”的抖动线来表现乔木的形态轮廓时，要控制好运笔速度，要能准确地表现出乔木的形体与结构，在为枝干着色时，要明确枝干的分支位置，并利用节点来作以区分。

热带乔木在着色时还要着重表现出叶片的变化，要能利用色彩的过渡来凸显热带乔木叶片的变化，并能根据树干纹理的不同，选择合适的色彩和笔触，注意树干明暗关系和虚化关系要能清晰地表现出来（图5-10）。

2. 灌木单体着色表现

灌木一般成组成丛出现，植株比较矮，在着色时多选用曲直结合的抖动线来表现灌木的轮廓。建筑周边的灌木多选用绿色着色，为了丰富画面效果，着色时需分层次。首先平铺浅绿色，运笔速度要稳；然后选用中间偏浅的绿色点绘，原浅色区域要保留；接着选用深绿色绘制暗部，注意该绿色的深度不可超过建筑的色彩深度；最后选用彩铅深化细节，并用涂改液点亮暗部，以丰富图面效果（图5-11）。

←乔木在着色时要能清晰表现叶片大小的变化，要注重近、暖、远、冷的色彩搭配，要能利用深浅色彩的对比凸显乔木的体积感和层次感，并能利用点笔的方式使画面效果更自然和更生动。

图5-10 乔木单体着色表现（程子莹）

←灌木在着色时要能区分出明暗对比面，可在灌木底部点绘少量黑色，这样能有效强化灌木的层次感。此外，当灌木面积较大时，还可选用橙色、蓝紫色或蓝绿色等来表现不同品种的灌木。

图5-11 灌木单体着色表现（程子莹）

5.3.4　配景着色

下面主要介绍山石、水景、建筑小品以及天空云彩等单体着色表现的具体内容。

1. 山石着色表现

建筑周边的山石有动与静、深与浅之分，在具体着色时要能利用色彩深浅度的变化和笔触运用的不同来凸显山石材质和形态等特征，注意运笔要稳，要能表现出山石的明暗变化，并能通过阴影的塑造彰显山石的体积感和层次感。山石一般会选用冷灰色或者暖灰色表现，部分山石也可选用褐色、棕黄色来表现，由于山石品种的不同，所选用的冷暖色调的深浅度也会有所变化，注意着色时可选用短直线，这类线条能够很好地表现出山石的坚硬感（图5-12）。

2. 水景着色表现

建筑周边的水景主要包括跌水、景墙以及喷泉等，在着色时要能凸显出水体特色。

（1）倒影着色表现。一般多选用深绿色、深灰色或深蓝色来为倒影着色，在具体着色时要能明确表现出水体波纹的形态特征，并能通过色彩对比和明暗对比来凸显倒影的层次感。

（2）跌水着色表现。要能表现出跌水向下坠落的速度感，可利用高光笔或涂改液提亮跌水亮部，以凸显水滴四溅的景象。

（3）景墙着色表现。要能通过不同的运笔和色彩凸显出景墙材质的特点，注意着色同样需遵循透视原理。

图5-12　山石单体着色表现（程子莹）

（4）喷泉着色表现。要能凸显出喷泉向上冲出和向下坠落的形态特征，可利用高光笔或涂改液表现喷泉喷涌之后坠落的景象（图5-13）。

3. 建筑小品着色表现

建筑小品主要起点缀作用，具体着色时要能凸显出构造形体的特点，要明确明暗对比关系，当叠加不同的色彩时，首先应考虑建筑小品的固有色，其次才是环境色，要能通过调节细节部位的明暗对比度来强化建筑小品的体积感和真实感。

此外，着色时根据不同的主次部位选择不同粗细的线条，要能深入刻画建筑小品的形态特征，为了强化画面效果，一般先整体着浅色，然后再在暗面着深色。当画面深度不足时，还可选用色彩浓度较深的彩铅在马克笔涂色基础上沿45°角排列线条（图5-14）。

4. 天空云彩着色表现

天空云彩同样在画面中起点缀作用，主要位于树梢或建筑上方，一般在主体对象之后绘制，着色时多选用浅紫色或浅蓝色表现，为了塑造更好的画面效果，要求天空云彩着色时能够有比较明显的明暗对

画面远处的水岸交接处加深水面色彩，强化投影。可以用点笔来逐步加深，同时加强绘图笔线条，让明暗对比更明显。

跌水转角处不着色，平面与立面的水体色彩要有区分。在人工景观中，如果水景造型的立面较窄，那么立面色彩较浅，平面色彩较深，但是区分不宜过于明显。

水面中呈现出建筑与植物的色彩，这时要注意辨析，选择主要的倒影物象，不宜将多种倒影色彩都表现在水面上。此处就过滤了建筑深色，保留绿化植物的倒影色彩。

（a）水面倒影

（b）水面色彩

←对于形态较完整的喷泉，可以预先用绘图笔绘制出形态结构，然后再着色，如果发现绘图笔的形态过于生硬，可以用涂改液或白色笔适当遮挡。

（c）喷泉形态

图5-13 水景单体着色表现

←单体小品练习不用考虑环境色，但是需要注意表现出质感。石料的质感除可用马克笔平涂外，还可以选用彩色铅笔进行局部覆盖，增强石料的粗糙感。

（a）单体小品

将小品组合为场景，要区分小品之间的色彩与材质，多个小品之间彼此色彩与材质不能过于接近或相同。

位于绿化中的小品，不宜大面积用绿色，可以选用偏紫或偏蓝的灰色，营造出弱绿色反光。

快题设计的主旨是表现建筑，但是在构图上可以将小品安排在画面前方，搭配绿化植物与配景来烘托建筑。

（b）小品场景

（c）建筑与小品

图5-14　建筑小品单体着色表现

比，并能有效烘托树梢或建筑的轮廓。

为了平衡整个画面的色彩关系，可在马克笔涂色基础上，再选用同色系但色彩浓度更深一些的彩铅沿云彩暗部区域轮廓排列整齐的45°斜线条，尖锐的彩铅可以很好地刻画树梢和建筑的边缘轮廓。在着色过程中，要控制好运笔的速度，要能通过快速平推配合点笔的表现形式来凸显天空云彩的美感和体积感（图5-15）。

建筑上部接近云彩的部位可以少着色或不着色，建筑与云彩形成一定明暗对比，相互衬托。

云彩造型呈横向组织结构，表现出悬浮感。采用浅、中灰两种色彩表现云彩的层次感。

绿化植物与云彩之间可以选用橘红色或紫色进行过渡，这两种颜色是云彩对远处景物的环境反射，能衬托近景绿化植物。

（a）云彩与建筑

（b）云彩与绿化

选用弧形短笔触来凸显云彩的自然美，在蓝色中适量添加紫色也能很好地表现出云彩的丰富性。

利用点笔的表现形式来凸显云彩的层次感，这样画面的视觉效果也会更好。

为了增强云彩的体积感，可在浅色中适量穿插些深色。

（c）云朵表现

图5-15　天空云彩单体着色表现

5.3.5　建筑成图着色解析

下面将通过对办公楼建筑、图书馆建筑、艺术博物馆建筑及山地游客中心建筑等着色稿的赏析更细致地讲解建筑空间着色稿的相关技法。

1. 办公楼建筑着色

（1）在着色之前要确定好铅笔稿，要明确整体画面的透视关系和比例关系，建筑所选择的透视角度和比例能完整地展现办公楼建筑的结构形体特征，且建筑的高度和道路的宽度都符合技术要求。

（2）确定基础色调，要选择最能表现办公楼建筑材质特色的色彩和笔触，且不同部位所选用的色彩能够使整体画面更具协调性。

（3）先着用色最重的部位，运笔速度一定要快且稳，提笔和收笔要果断，着色线条要流畅、自然。

（4）当建筑元素和结构线都着色完毕后便可为周边配景着色，注意配景色彩要与办公楼建筑主体色彩相协调，着色的收边要干净，要能使整个画面凝聚在一起。

（5）为了丰富画面效果，也为了增强办公楼建筑的体积感和立体感，在着色时要注重阴影绘制的准确性，画面的明暗关系和虚实关系要能通过色彩的深浅变化表现出来，也可通过必要的色彩冷暖对比来强化画面细节（图5-16、图5-17）。

2. 图书馆建筑着色

（1）着色之前要确定好图书馆的铅笔线稿，线稿中要明确图书馆的形体构造、整体高度、整体宽度以及周边配景的基础形态等。

（2）考虑整体画面的透视关系，要能通过对色彩的灵活运用来凸显建筑构造透视的变化。

（3）首先应考虑设计对象的固有色，其次才是环境色，主体建筑所选用的色彩要能清晰地表现建筑材质特点。

（4）光源方向和光照条件的不同会形成不同的

图5-16　办公楼建筑着色表现（一）（杨雨金）

图5-17　办公楼建筑着色表现（二）（杨雨金）

受光面和背光面，阴影的形状和大小也会有所不同，在具体着色过程中，要通过色彩深浅度的变化来凸显主体建筑的明暗对比关系。

（5）图书馆可以按照近、中、远景的顺序着色，也可根据涂色面积大小或个人习惯着色，注意着色时要处理好周边配景与建筑色彩之间的比例关系，涂色需整洁，不可出现过多杂色的情况，可穿插使用点笔、扫笔等技法来凸显建筑的设计特征（图5-18）。

3. 艺术博物馆建筑着色

（1）着色之前要确定艺术博物馆的构图和透视都没有任何问题，画面中各设计元素绘制都十分具体，近、中、远景内的细节部位也要做比较细致的刻画。

（2）初始铺色前，要明确艺术博物馆的主色调，应当先为用色最重的区域着色，再为建筑其他区域和周边配景着色。

（3）着色时要控制好运笔的速度和力度，要绘制比较自然流畅的着色线条，主建筑表面色彩和次要配景色彩的比例也要控制好。

（4）着色时还需从近景往中景和远景区域内慢慢推进，要利用色彩的变化来强化整体画面的层次感，并能通过对建筑屋檐下方阴影的细致刻画来凸显建筑的体积感和空间感。

（5）为了整个画面的协调性，一般远景简单着色即可，近景区域内着色时则需明确表现出建筑或配景的轮廓特点，并能处理好画面的虚实关系及建筑物与周边配景之间的体量关系（图5-19、图5-20）。

4. 山地游客中心建筑着色

（1）着色之前要明确空间框架、空间结构以及山地游客中心建筑物的高度关系，并能找准整幅画面的构图节奏关系，视平线的高度和消失点的位置均应符合绘制要求。

（2）着色要求能够凸显建筑的体积感，可通过对建筑明、暗面的细致刻画来强化建筑的体积感和立体感。

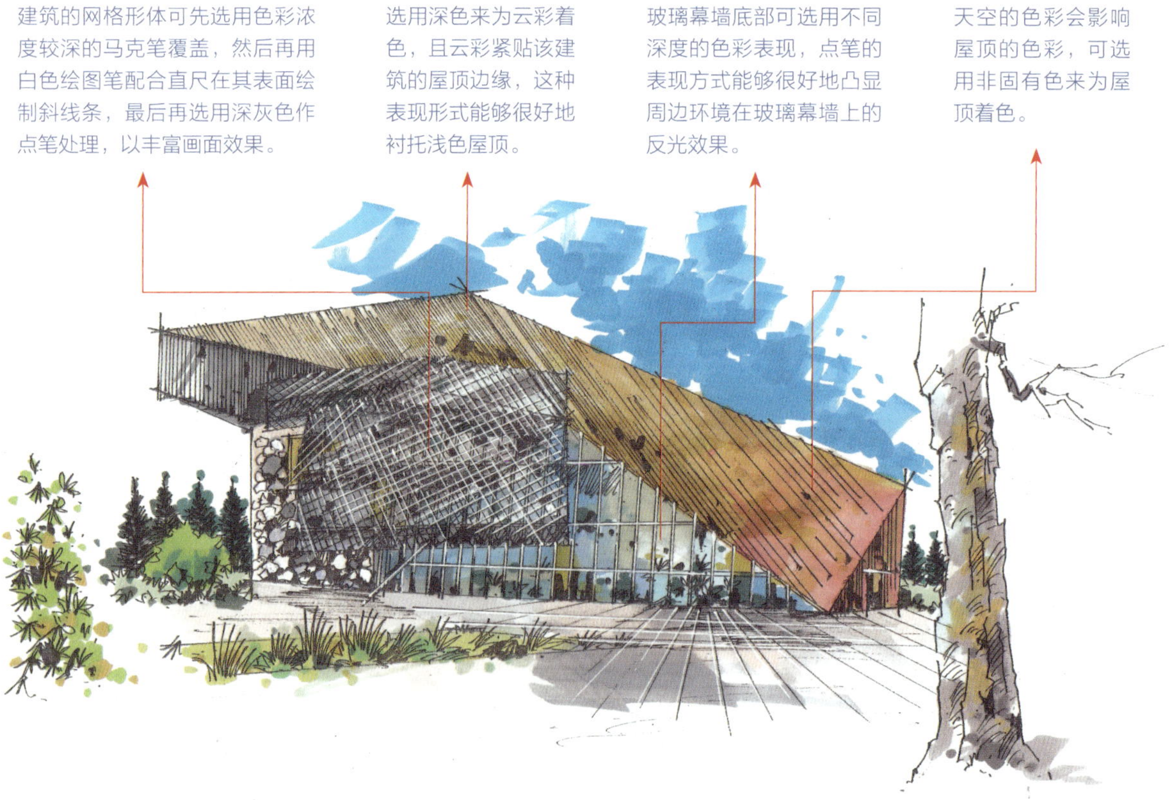

图5-18　图书馆建筑着色表现（杨雨金）

图5-19　艺术博物馆建筑着色表现（一）（杨雨金）

图5-20　艺术博物馆建筑着色表现（二）（杨雨金）

（3）着色时要注重阴影和建筑表面材质的刻画，要明确建筑的主色调和次色调，周边配景的色彩浓度不宜过深，不能喧宾夺主，也不能与建筑的色调相矛盾。

（4）为了丰富整幅画面的视觉效果，除基础马克笔着色外，还可在马克笔涂色表面再次覆盖一层彩铅线条，最好选择水溶性彩铅，这样画面色彩的协调度会更高。

（5）整幅画面还要保持一个干净、整洁的状态，不可超出着色范围，画面着色停止信号要明显但却不可过于突出，建筑与周边配景的色彩比例以及色彩对比也要能清晰地展现在图纸上（图5-21、图5-22）。

★补充要点

不同工具的绘图特点

彩色铅笔色彩比较丰富，所绘制的线条具有表现性，画风也会更具自由性和飘逸感，适用于绘制曲线较多的部位；绘图笔绘制的线条比较硬朗，多用于表现结构比较清晰、明确且细节比较丰富的部位；圆珠笔则软硬兼具，适用于绘制各种风格和各种形态的结构，但圆珠笔线条会和马克笔发生反应，因此使用圆珠笔绘制线稿后不可使用马克笔着色。

天空云彩选用较深的色彩表现，可以很好地衬托山川。

不同色彩浓度的暖灰色中穿插有少量的蓝色和紫色，这种色彩的融合可以很好地表现山川的体积感。

建筑视角与鸟瞰视角相近，屋顶造型处的色彩明度对比不需要太强，黄色与绿色对比便能很好地表现建筑设计特色。

此处建筑较低矮，地面投影的明暗关系不需太强烈。

图5-21 山地游客中心建筑着色表现（一）（杨雨金）

云彩成团组状，表现色彩为蓝色，适量点笔的技法能够有效增强云彩的视觉效果。

建筑外墙可选用直尺辅助绘制，受光面色彩以棕色为主，平涂即可。

建筑背光面选用了深灰色来表现，平涂的表现技法能够使建筑的背光面与受光面形成鲜明的色彩对比。

玻璃外墙以深灰色作点笔覆盖，能很好地与天空云彩区别开。

图5-22 山地游客中心建筑着色表现（二）（杨雨金）

5. 其他建筑着色

尝试表现不同类型与风格的建筑，抓住每种建筑的造型特色与光照特征（图5-23～图5-31）。

天空云彩选用两种不同深度的蓝色表现，层次感比较强，适当的点笔也能很好地丰富画面效果。

建筑墙面较窄，可选用竖向运笔的方式来表现。

建筑墙面较宽，可借助直尺绘制斜线条，注意要表现出光照的角度。

山石位于画面底部，着色时要注重深化暗部区域，可用涂改液点涂山石边缘处，以凸显山石的体积感。

图5-23　建筑着色表现（一）（杨雨金）

天空除使用马克笔着色外，还在其局部排列有彩铅线条，这种表现形式能有效增强天空的层次感。

建筑侧面选用冷灰色平涂表现即可，注意保持渐变的视觉效果。

建筑的受光面选用了浅红色表现，能够凸显建筑的固有色，也能与建筑暗部区域的色彩形成冷暖对比。

画面近处的草地选用了多种深度不同的绿色来表现，层次感比较强。

图5-24　建筑着色表现（二）（杨雨金）

建筑的暗部区域选用了偏紫的蓝色来表现，能够很好地与天空云彩的蓝色区别开。

建筑墙面可选用倾斜的着色线条来表现光照角度。

建筑周边绿植所选用的色彩较深，能够很好地衬托建筑主体结构。

画面近处的草坪选用了浅绿色，能够很好地衬托远处建筑的投影。

图5-25　建筑着色表现（三）（杨雨金）

为了增强云彩的层次感，可在马克笔涂色基础上适量增加一层彩铅线条。

建筑边框结构选用了冷灰色来表现，可以很好地凸显建筑的体积感。

建筑墙面平铺横向线条，并适量使用点笔，画面效果比较强。

入口处于一点透视消失点的中心部位，所选用的色彩对比要足够强烈。

图5-26 建筑着色表现（四）（杨雨金）

云彩运笔自由，点笔与挑笔的交叉使用能够很好地增强画面效果。

建筑尖端可适度留白，这种表现形式能够与天空云彩形成很好的衬托关系。

入口处选用的色彩较深，这种不同浓度的深色可以很好地表现出入口处的反光差异。

地面台阶可选用短笔触来表现石材地面的倒影与反光。

图5-27 建筑着色表现（五）（杨雨金）

位于前部的建筑在着色时要表现出建筑构造的特色，并注意整体画面的协调。

玻璃上的反光要根据建筑的形状而定，此处为倾斜状。

灌木植株比较矮，可选用多种不同的色彩来表现。

画面边缘区域在着色时，运笔可比较随意，但大方向上不可出现错误。

图5-28 建筑着色表现（六）（周浪）

选用点笔与挑笔来表现天空云彩，这种运笔技法与地面绿化的用笔技法一致。

建筑屋檐顶部内侧选用深色来表现，能够很好地强化建筑的明暗层次。

近处绿植的亮面部位可适当留白，着色时要注意不可遮挡后部建筑的轮廓线。

地面上的树木阴影可选用多种不同浓度的深色来表现，这样画面构图会更稳。

图5-29　建筑着色表现（七）（杨雨金）

天空云彩选用浅蓝色表现，着色时运笔速度要快，为了与建筑质感协调，还可在马克笔涂色基础上再次覆盖一层彩铅线条。

复杂的建筑结构选用简单的着色即可，注意分区着色，选用的色彩需统一，这样建筑的体积感才会更突出。

画面远处的树木除浅涂绿色外，还可在其边缘部位点涂涂改液，这样也能与天空相呼应。

画面近处的水面要凸显出树木投影的特点，可用深色表现。

图5-30　建筑着色表现（八）（石骐华）

运用斜笔的运笔方式来表现玻璃的反光效果，着色选用偏冷的蓝色即可。

墙面选用偏暖色的竖向着色线条，同时在竖向线条基础上还添加有适量的深色点笔，这种表现形式能够很好地增强建筑的层次感，画面效果也比较好。

建筑的色彩较深，天空选用较浅的蓝色，两者可以形成鲜明的对比。

地面着色以暖灰色为主，并沿着地面铺装材料的轮廓分区着色。

图5-31　建筑着色表现（九）（杨雨金）

5.4 规划设计着色表现

规划设计是一项比较大的工程，着色时更要主次分明，色彩与色彩之间要能相互融合，且运笔不凌乱，画面视觉感要好。

5.4.1 规划设计着色技法要点

（1）做好基础体块的着色练习，所绘制的规划设计线稿要符合要求，画面中设计元素的比例以及彼此之间的透视关系均应达到绘制要求。

（2）根据规划设计的设计理念选择合适的色彩，且着色时要能控制好下笔时的轻重度，即使叠加不同笔触，色彩之间也能相互融合。

（3）通过对深色与浅色的灵活运用来表现设计元素的明暗关系和虚实关系，并能通过对光源方向的判断，巧用点白的方式表现出设计元素的受光面和背光面。

（4）规划设计平面图以整体着色为主，在单个设计元素和单组设计元素着色过程中要分清主次色彩。

（5）规划设计平面图中的绿植着色要遵循一定顺序，要由小及大、分层次着色。对于地面草皮区域，可根据实地情况作适当的点白处理，以凸显草皮的亮部区域；对于水面区域，可选用平涂的方式着色，一般选用不同色彩浓度的蓝色来表现水面的平稳特征（图5-32）。

5.4.2 规划设计着色稿解析

通过对规划设计着色稿的分析，我们可以获取更多的着色经验和设计经验，这对于后期规划设计快题图稿的绘制也很有帮助（图5-33~图5-36）。

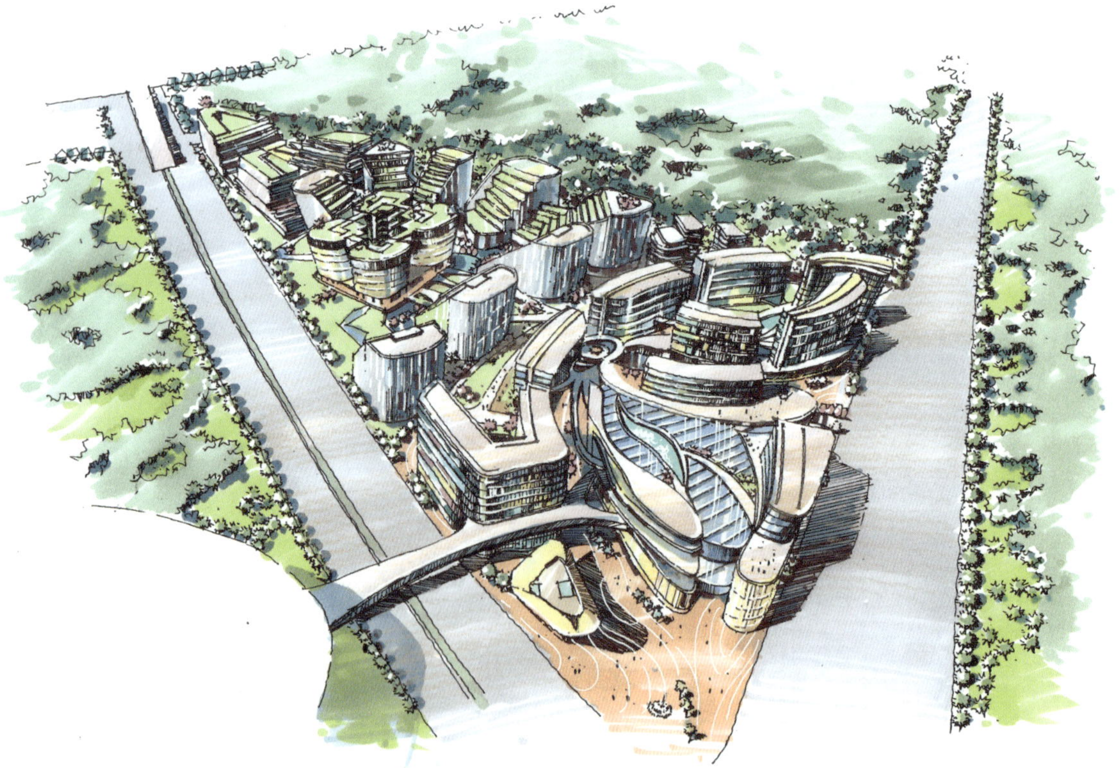

图5-32 规划设计着色表现（一）

图5-32：建筑规划着色要表现出空间的深远感。近处建筑细致刻画，采用多种色彩交替叠加，强调明暗层次。远处建筑简要描绘，采用绿化、天空色彩适当叠加，强调建筑与环境一体化。

远处建筑不着色，被周边绿化植物绿色环绕，形成一定对比。

主体建筑强化细部结构，线稿表现的重点在于形体的明暗关系。

近处绿化植物层次设计较丰富，在没有道路色彩的前提下，绿化着色自身要有色彩光影变化。

图5-33　规划设计着色表现（二）

在水性马克笔中注入稍许酒精，就能绘制出团点状云彩。

建筑顶部为明亮部位，形成连贯整体着色。

建筑侧面均为背光，色彩变化较少，但是也能区分建筑墙面的转折关系。

大纵深规划场景地面着色要注重深浅过渡变化，形成明—暗—明—暗等具有规律的变化。

图5-34　规划设计着色表现（三）（杨雨金）

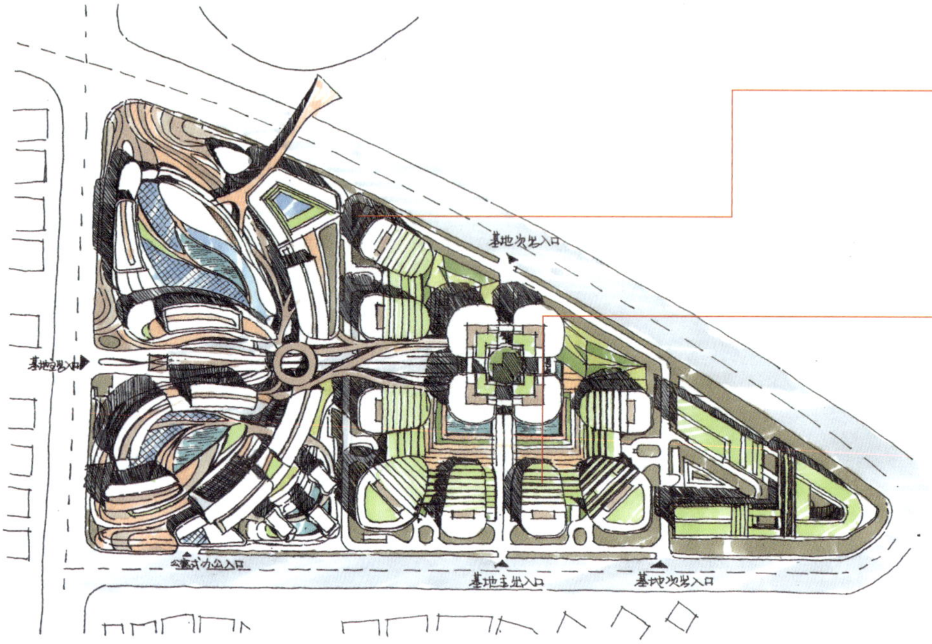

平面图着色要注重光影对比，由于缺少立体造型支撑，因此要加深投影，除了着色外，还要强化排列线条。

主体色彩要形成一定对比，为了避免色彩对比夸张或凸兀，将绿色与浅棕色搭配。

图5-35 规划设计平面图着色表现

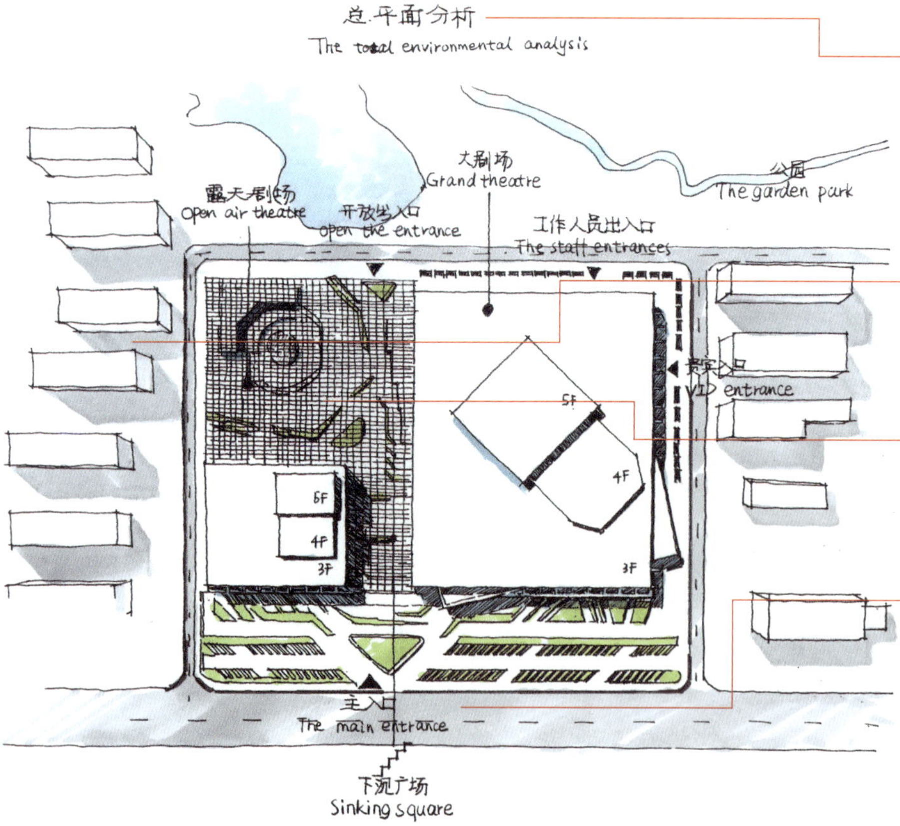

适当标注双语文字，既可填充空白，还能表现较深厚的英语水平，为入学后从事研究、学习奠定基础。

大面积不着色的前提是采用阴影来衬托主体建筑结构。

强化主体建筑的光影关系，加深阴影部位线条排列。

道路与建筑阴影选用冷灰色，倾斜运笔，同样能表现出丰富的层次。

图5-36 规划设计平面图着色表现（俯视角度）

本章小结

本章主要讲解了建筑表现的着色绘制方法，从马克笔、彩色铅笔的基础训练方法开始，逐步介绍着色稿的练习技巧，细致描述了绿化、构造、门窗、配景等单体着色表现方法，对建筑表现着色作品进行深度解析。列举出大量优秀作品，分析着色技法与步骤，为快题设计打好基础。

●课后练习

1. 马克笔有哪些品种？建筑表现适合选用哪种马克笔？
2. 马克笔表现技法有哪些？参考本章表5-1，练习马克笔的运笔技法。
3. 参考本章图5-3，临摹绘制马克笔材质表现图稿。
4. 建筑体块着色有哪些特点？
5. 建筑门窗着色应当注意哪些细节？
6. 绘制5种不同的乔木与5种不同的灌木线稿并着色。
7. 绘制3种不同的山石与3种不同的水景线稿并着色。
8. 选择2幅建筑摄影照片，绘制建筑表现线稿并着色。
9. 考察学校教学楼建筑，重新设计并绘制建筑外观线稿，并采用马克笔与彩铅进行着色。

第6章

效果图着色步骤方法

学习难度：★★★★☆

重点概念：表现步骤、优秀作品赏析

章节导读：效果图是快题设计图稿中不可缺少的一部分，它的存在是为了更立体地形象地向公众展示设计的内容，在绘制时要保证线稿比例和透视的正确性。本章主要介绍建筑与规划效果图绘制的相关内容，并从中归纳出单幅效果图着色表现技法要点。

图6-1：建筑外墙效果图表现要合理搭配色彩，并能通过着色线条和色彩深浅度的不同来表现设计元素的材质和形态特征。

图6-1　建筑外墙效果图（张达）

6.1　建筑效果图表现步骤

单幅效果图的绘制要有一定的条理性，要分步骤绘制，要能清楚地展示设计特色，并塑造良好的图面视觉效果。

6.1.1　办公楼效果图

办公楼效果图在绘制时要明确表现出建筑构造的特征，并能通过对线条和色彩的灵活应用，凸显建筑的体积感和立体感（图6-2）。

画面边缘的绿植简单表现轮廓即可，但线条起伏度要与建筑线条呼应。

建筑构造呈凸起状，绘制时要控制好造型之间的间距，凸起部位线条应当具有坚挺感。

玻璃窗的投影要重点刻画，要注重此处暗部层次的深化。

建筑侧面窗户的结构要清晰表现出来，竖线条之间的距离要控制好，线条要具备透视效果。

绘制时需注意地面线条不可无限延伸。

（a）参考照片　　（b）步骤一：线稿绘制

图6-2　办公楼效果图（程子莹）

图6-2：办公楼效果图的绘制首先需要分析建筑的结构特征，并依据参考照片绘制出相对应的线稿图；然后确认线稿比例和透视关系均无错误后即可开始着色，着色时要提前确定好主体设计对象所需选用的色彩；其次，主体建筑着色完毕后便可开始周边配景的着色，注意周边配景的色彩浓度要低于主体建筑色彩，所选用的笔触也不可与主体建筑的着色笔触相矛盾；最后，所有设计元素着色完成后可开始收边和整理整幅图稿的构图，要处理好图稿的四角，并注意画面细节以及对画面光影虚实关系的完善。

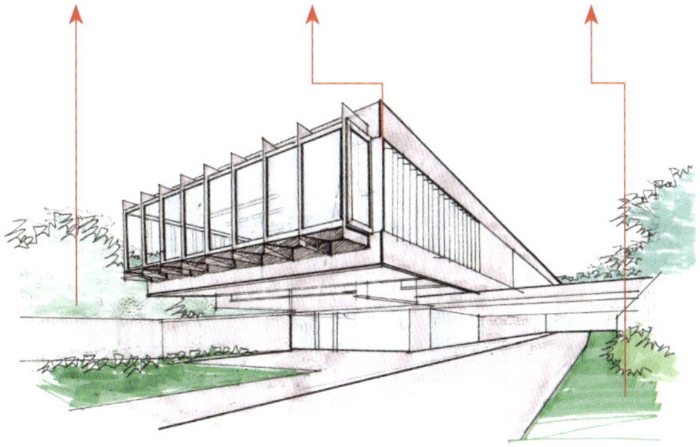

（c）步骤二：基础着色

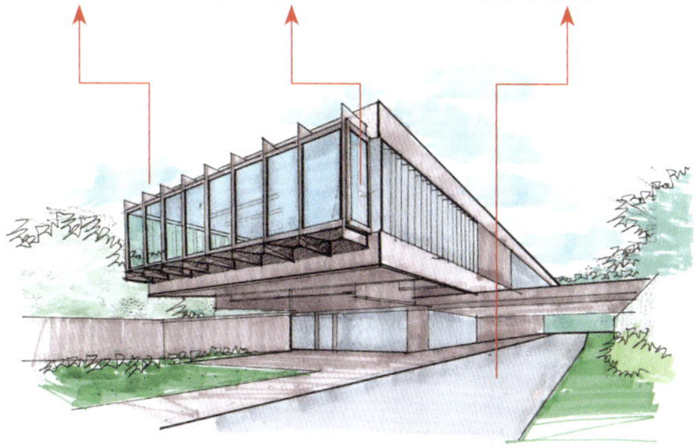

（d）步骤三：叠加着色

（e）步骤四：深入刻画细节

（f）步骤五：完善并对比

图6-2　办公楼效果图（程子莹）（续）

6.1.2 会议大楼效果图

会议大楼效果图在绘制时要重点刻画建筑主体结构的轮廓特征，并能通过对线条的巧妙运用来表现主体建筑结构的体积感和层次感（图6-3）。

（a）参考照片

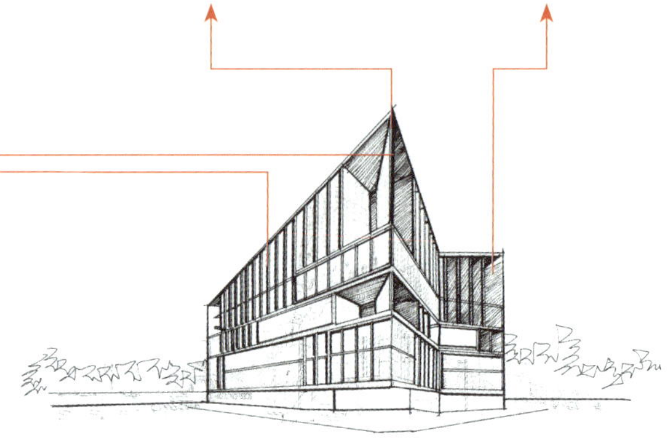

（b）步骤一：线稿绘制

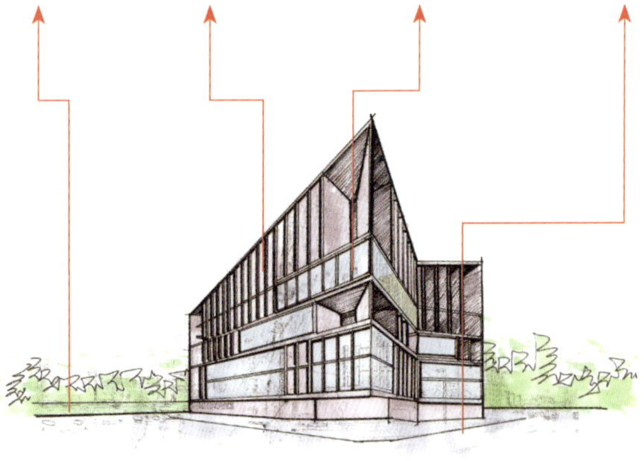

（c）步骤二：基础着色

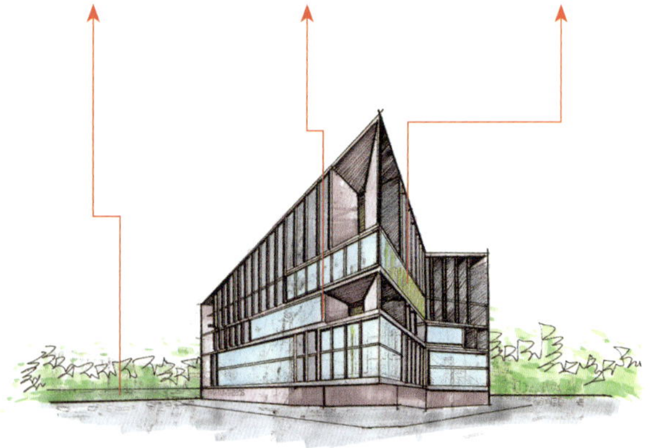

（d）步骤三：叠加着色

图6-3 会议大楼效果图（程子莹）

图6-3：会议大楼效果图要注重线稿的绘制，要依据参考照片详细绘制出会议大楼的线稿图，线稿中建筑要完整，图面的比例和透视关系都应符合绘制要求，要参考视平线绘制，以便获取正确的建筑物高度和道路宽度；线稿确定无误后可开始着色，要巧妙运用色彩，并注重建筑本身的明暗对比；基础着色完成后可开始细节部位的刻画，可依据画面需要进行二次叠色，要适当添加冷、暖色，以便获取更好的画面效果。

（e）步骤四：深入刻画细节

（f）步骤五：完善并对比

图6-3　会议大楼效果图（程子莹）（续）

6.1.3　工厂建筑效果图

在绘制工厂建筑效果图时要重点表现出建筑墙面的材质特色，并能通过叠加适当色彩和笔触的方式突出工厂建筑的结构形体特征（图6-4）。

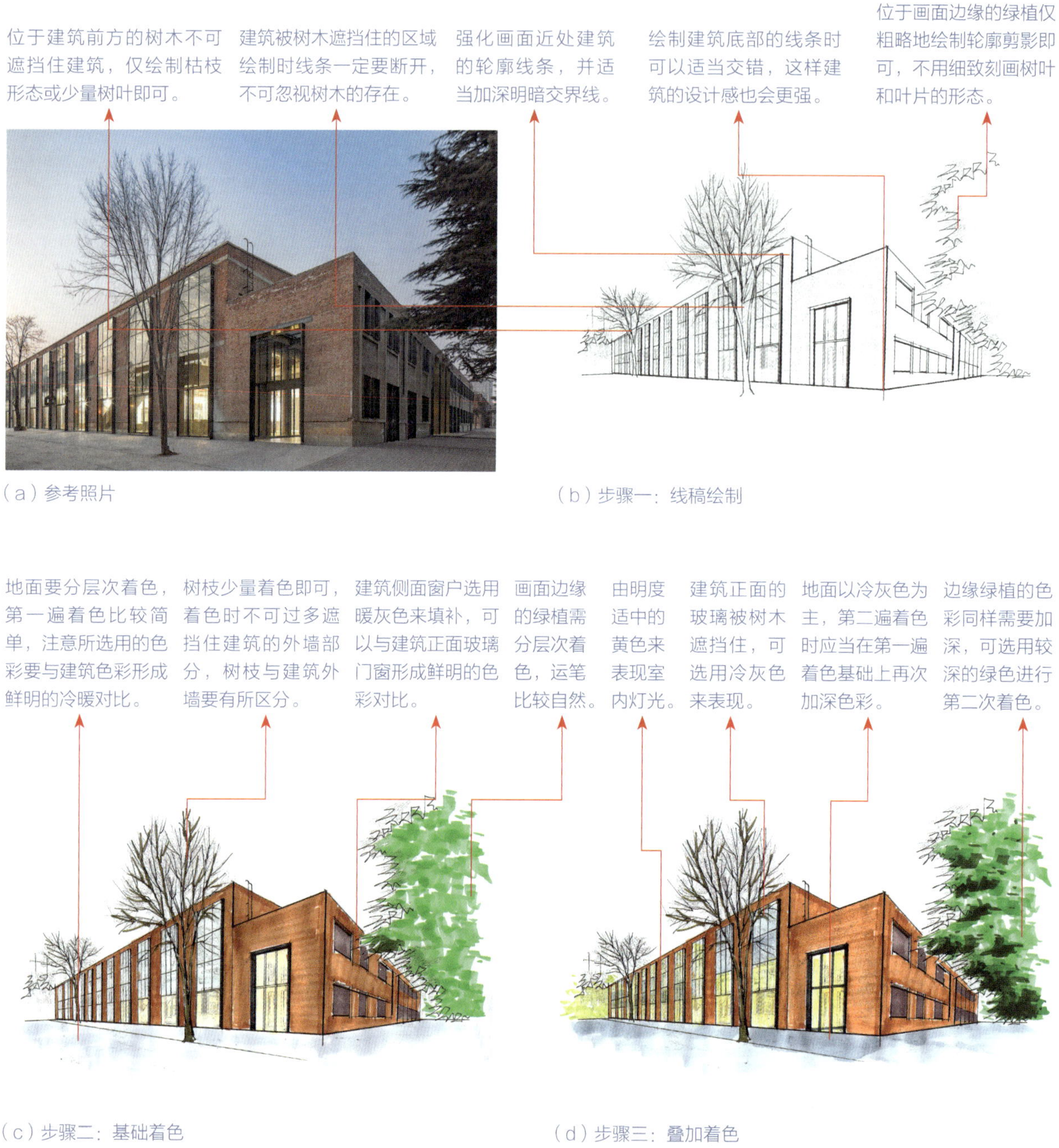

（a）参考照片　（b）步骤一：线稿绘制

（c）步骤二：基础着色　（d）步骤三：叠加着色

图6-4　工厂建筑效果图（程子莹）

图6-4：工厂建筑效果图绘制首先需要绘制线稿，线稿中整体画面的结构比例和透视关系都应当合理化，建筑构造要比较完整，建筑周边的环境也要有所交代，空间的纵深层次要能清晰地表现出来；然后确认线稿中建筑的结构线、视平线的高度以及消失点的位置都没有任何错误后即可开始基础着色工作，着色时要确定好主体建筑的基本色调，要与周边环境色调有所区分，具体着色时要分层次，要能灵活地运用着色线条，并能利用不同深浅度的色彩和适当的点白来凸显建筑外墙的反光效果。

（e）步骤四：深入刻画细节

（f）步骤五：完善并对比

图6-4　工厂建筑效果图（程子莹）（续）

6.1.4　图书馆效果图

在绘制图书馆效果图时要重点表现建筑的结构轮廓特征，不可使用单一的绿色来表现所有的绿化植物，要使用不同的色彩来区分不同的绿植（图6-5）。

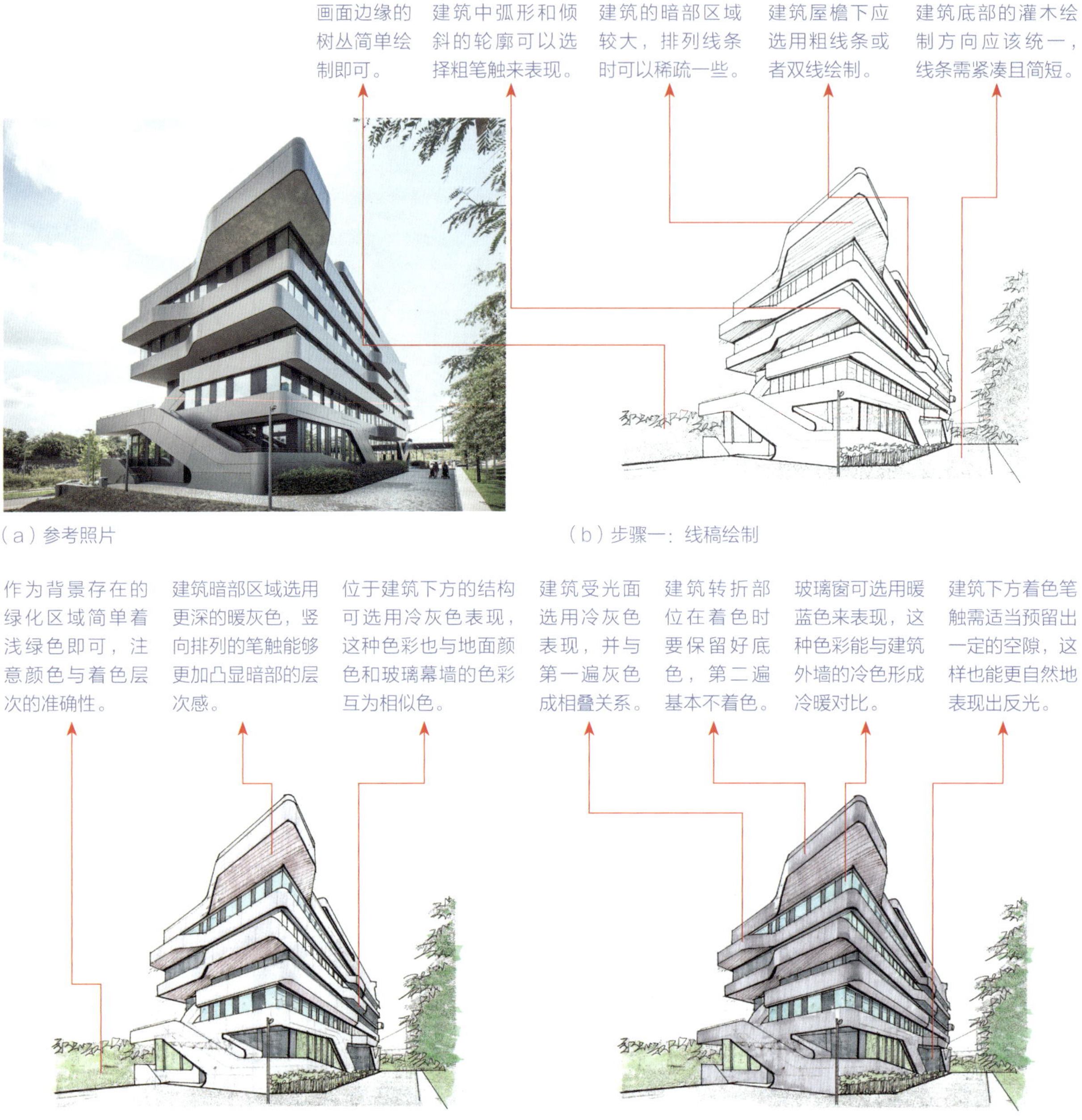

（a）参考照片　（b）步骤一：线稿绘制

（c）步骤二：基础着色　（d）步骤三：叠加着色

图6-5　图书馆效果图（程子莹）

图6-5：图书馆效果图的绘制重点在于线稿是否能够准确表现画面整体的比例关系和透视关系，是否能够清晰地表现建筑的轮廓特征和周边环境特色；在绘制线稿时要能依据透视原理，准确地判断出视平线的高度和消失点的位置，并能从中获取到合理的建筑高度和道路宽度；在具体着色时则需区分近、中、远景，要通过色彩的叠加和渐变来表现建筑受光面和背光面的特征，并能协调好建筑与周边配景之间的色彩关系。

（e）步骤四：深入刻画细节

（f）步骤五：完善并对比

图6-5　图书馆效果图（程子莹）（续）

6.1.5　快捷酒店效果图

在绘制快捷酒店效果图时要表现出建筑绘制所选用的透视角度，并能通过对线条的应用表现出画面中的远近虚实变化（图6-6）。

图6-6　快捷酒店效果图（程子莹）

图6-6：绘制快捷酒店效果图时首先需要依据参考照片，使用绘图铅笔大致绘制出建筑的形体轮廓，再依据照片内容进行细节刻画，要确定好画面中近、中、远景所包含的内容，并明确画面中的比例关系、透视关系、明暗关系以及虚实关系等；线稿绘制结束即可开始着色，着色要凸显出建筑的生命力，并能有效增强建筑的层次感，要通过色彩的渐变来实现画面中设计元素的光影变化和虚实变化，并创造更好的视觉效果。

着色时需要适当加深建筑内部门窗阴影的色彩，这样建筑门窗的立体感会更强。

建筑前部的绿植在基础着色完成后还需运用点笔技法来强化绿植的形态特征，这种表现形式能很好地丰富绿化层次。

建筑底部玻璃门窗着色时要重点考虑街景对建筑会形成何种反射效果。

地面着色要逐层深化。

（e）步骤四：深入刻画细节

选用浅蓝色的马克笔来绘制天空云彩，并适当运用点笔和挑笔，必要时还可在其表面覆盖整齐排列的彩铅线条。

建筑靠内一侧还需加深暗部的线条，以便凸显建筑的体积感。

选用多种不同的色彩来丰富玻璃幕墙的视觉效果，这种表现形式也能很好地提升画面的色彩感。

（f）步骤五：完善并对比

图6-6　快捷酒店效果图（程子莹）（续）

6.1.6　音乐厅效果图

在绘制音乐厅效果图时要重点表现出地面的层次感，并能与天空形成衬托与被衬托的关系，对于画面中的部分细节，也需重点刻画（图6-7）。

要强化建筑外部轮廓，建议选用粗线条绘制，建筑造型的剪影也需重点刻画。

建筑中部可选用慢线的形式绘制弧形线条，这些弧形线条能够很好地表现建筑结构的特色。

直线形建筑位于建筑底部，一般需选用粗线条来强化建筑外部轮廓，这样也能让建筑上部的曲面造型与建筑下部的直面造型形成强烈对比。

为强化画面效果，绘制时还需要细致地表现出台阶地面结构的特色。

（a）参考照片

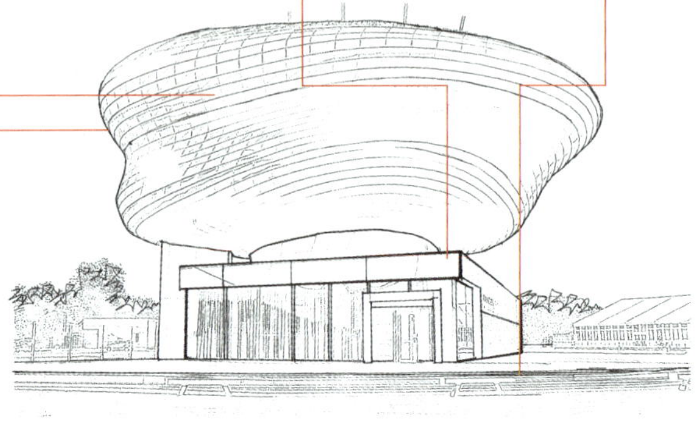

（b）步骤一：线稿绘制

绿化区域简单着色即可，但着色时一定要明确所选的色彩符合绘制需要。

建筑结构用冷灰色表现亮部特色，用暖灰色表现暗部特色，色彩的冷暖对比恰到好处。

建筑结构可自由着色，运笔要稳，着色线条要排列整齐。

地面选用灰色表现即可，注意色彩要与主体建筑色彩有所区别。

绿化区域下部需二次着色，选用较深的绿色即可。

建筑下部内侧可通过叠加冷灰色具体表现建筑结构的投影。

建筑还需叠加一层浅蓝色，注意色彩的纯度要符合要求。

注意加深地面投影的深度，这样也能起到衬托主体建筑的作用。

（c）步骤二：基础着色

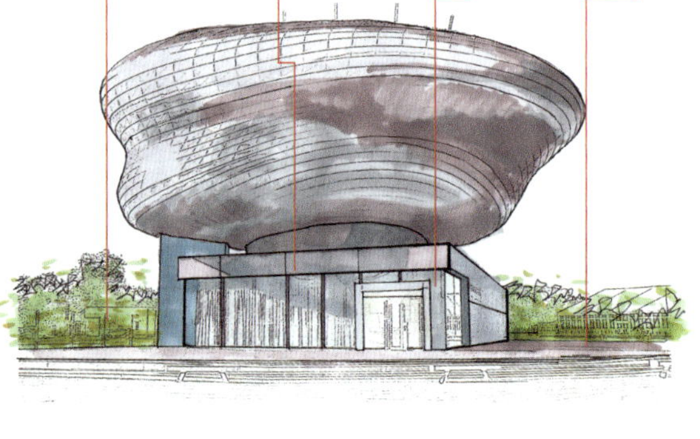

（d）步骤三：叠加着色

图6-7 音乐厅效果图（程子莹）

图6-7：绘制音乐厅效果图线稿时首先需要将主体建筑的框架、结构以及高低等确定下来，然后再明确周边环境的比例，并用绘图铅笔勾勒出来；线稿绘制完成确认无误后便可开始大面积铺色，注意着色之前要确定好主体建筑的基本色调，要将用色最重的部位清晰地表现出来，着色线条要流畅；主体建筑着色完成后可开始周边配景的着色，绿植着色时要处理好前后和高低的空间关系，要清楚地表现出周边配景和建筑之间的比例和透视关系，并时刻保持画面的洁净，保证画面光影关系、明暗关系以及虚实关系等的正确性。

（e）步骤四：深入刻画细节

（f）步骤五：完善并对比

图6-7　音乐厅效果图（程子莹）（续）

6.1.7　独栋住宅建筑效果图

独栋住宅建筑效果图的绘制依旧需按照线稿→着色稿→完稿的顺序绘制，线稿要能表现出独栋住宅建筑的外部轮廓特征，着色稿要能突出独栋住宅建筑的材质特色。下面将直接从马克笔上色开始，讲解独栋住宅建筑效果图的具体表现步骤（图6-8）。

↓要注重对画面色彩关系的分析，包括建筑的固有色是不是画面的主色调以及周边环境基础色调为何种色彩等，并能在着色之前确定好建筑的主色调，着色时应当先用主色调来明确整个画面的明暗关系，然后再通过对色彩深浅度的应用凸显建筑的阴影。

（a）步骤一：基础着色

↓叠加色彩时可选用同类色进行覆盖，但要控制好色彩深度，并注意第二遍着色不可将第一遍着色完全覆盖，要运用恰当的笔触来表现建筑的转折结构，这样建筑的层次感和体积感才会更强。

（b）步骤二：叠加着色

↓刻画细节时要重点表现建筑的虚实关系和明暗关系，要注重对建筑暗部笔触的刻画，并适当选用高光笔或者涂改液来提亮建筑结构的亮部，还可利用扫笔的技法在建筑表面形成渐变的视觉效果。此外，在绘制建筑暗部时要注意不可选用过深的色彩，运笔要灵活，这样最终的视觉效果才会更具自然感，整体画面的通透感也会更强。

（c）步骤三：深入刻画细节

↓在绘制过程中要明确天空云彩的表现范围，所选用的笔触也应当尽量自然、多变，并能通过色彩的叠加实现深化建筑暗面的目的，同时能够再次强化建筑近、中、远景之间的对比关系，使得整个画面的视觉美感更强。

（d）步骤四：完善并对比

图6-8 独栋住宅建筑效果图（杨雨金）

6.1.8 艺术馆效果图

艺术馆效果图的绘制需要以线稿为基础，并利用着色稿来深化设计主体的形象，在绘制时要更多注重对主体建筑的刻画，下面将直接从马克笔上色开始讲解艺术馆效果图的具体表现步骤（图6-9）。

↓基础着色的重点在于所选的色彩是否能够表现出艺术馆建筑所选用的材质特色，建筑的色彩与周边环境的色彩是否能够有所区分，以及所选用的色彩浓度和渐变层次是否能够清晰表现出建筑的阴影关系和虚实关系等。

（a）步骤一：基础着色

↓叠加着色时要选择正确的笔触，要能表现出建筑不同结构的特色，包括建筑转折结构以及建筑内凹结构的特色等，并注意不可选择过于冲突或不可相融的色彩叠加在一起，这样会影响最终的视觉效果。

（b）步骤二：叠加着色

↓对细节的刻画能够有效增强整个画面的立体化效果，绘制时需要整理好画面内的空间关系，要能够强化建筑的暗部笔触，并利用涂改液或高光笔来提亮建筑亮部，以使整个建筑更具设计美感和艺术感。

（c）步骤三：深入刻画细节

↓主体建筑及周边配景着色结束即可开始天空云彩的着色，注意着色选用的色彩要能凸显云彩的美感，笔触运用尽量自由化和灵活化。此外，为了强化和完善画面效果，建议再次深化建筑的暗部区域，并加深建筑周边近、中、远景之间的对比关系，这种表现形式也能使整个画面更具层次感。

（d）步骤四：完善并对比

图6-9　艺术馆效果图（杨雨金）

6.1.9　规划设计效果图

在绘制规划设计效果图时要总览全局，要明确表现出建筑布局情况、交通布局情况、绿植布局情况以及河湖布局情况等（图6-10）。

6.2　优质效果图解析

本节将从不同类型的建筑效果图与规划设计效果图细致讲解快题设计中单幅效果图绘制的具体技巧。

6.2.1　商业建筑效果图

商业建筑属于功能性比较强的社会性建筑物，日常生活中常见的购物商场便属于商业建筑，在绘制商业建筑效果图时要能突出建筑的外形特征以及所要营造的购物氛围等（图6-11、图6-12）。

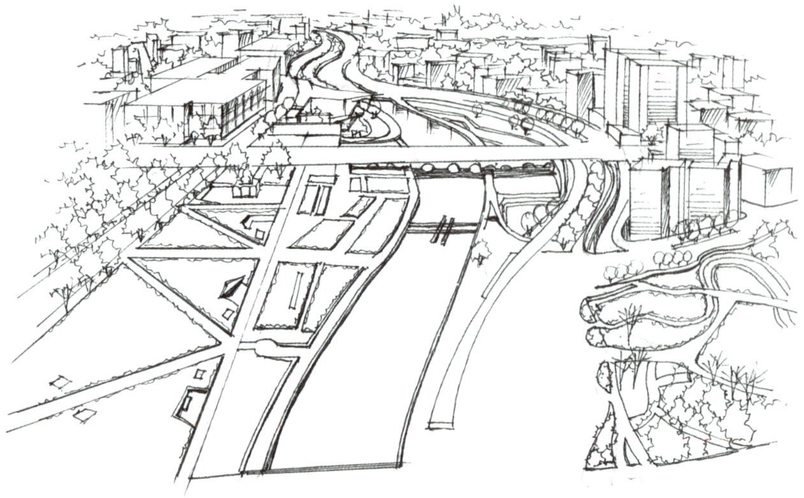

（a）步骤一：线稿绘制

图6-10（a）：规划设计线稿的绘制内容较多，对于连接紧密的建筑要控制好前后的空间关系，且不同高度的建筑之间的比例和透视关系也应当具体表现在图纸上。

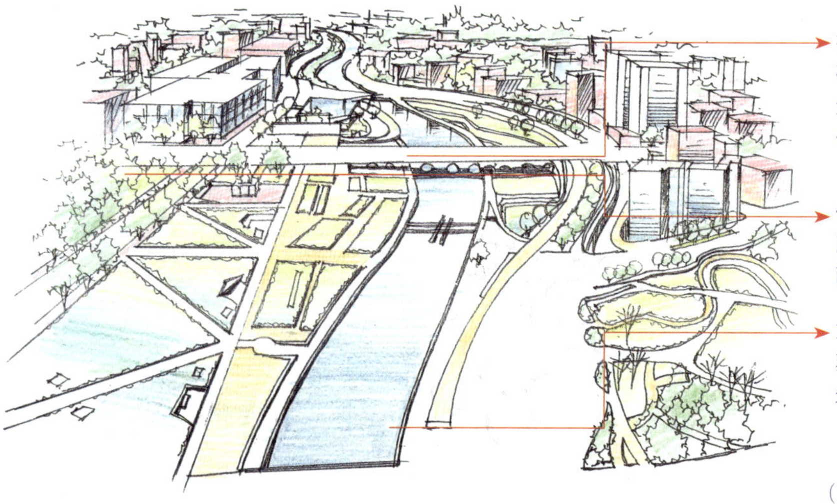

桥面横亘于整幅画面的中心地带，在基础着色阶段不需额外修饰，注意大桥两边的绿植要分层次着色，不可完全遮挡住大桥轮廓。

位于画面远处的绿植仅绘制简单的轮廓即可，注意收笔要果断，要自然终止画面。

为了丰富画面效果，也是为了更细致地刻画规划中的设计元素，基础着色时可先整体排列彩铅线条。

（b）步骤二：基础着色

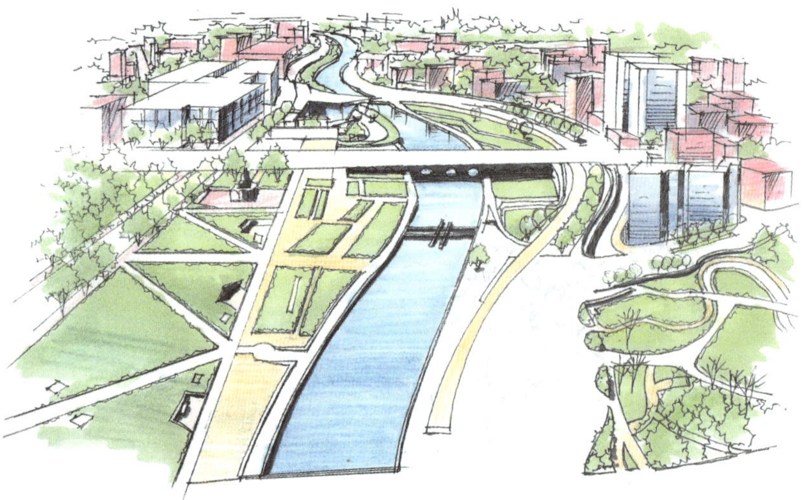

（c）步骤三：叠加着色

图6-10（c）：在彩铅的基础上进行二次马克笔着色，着色时应当先选用浅色系，再选用较深的色彩深化重点部位，如建筑的暗部及桥下的投影等，在叠加着色时要对建筑、河流、绿坪以及绿植等有所区分。

图6-10 规划设计效果图

桥面选用冷灰色表现，在绘制时还需深化桥梁下方的暗部区域，桥梁在草坪上的投影也需表现出来。

建筑的暗部区域可通过叠加深色来表现，这种表现形式能够增强建筑结构的明暗对比。

地砖上的纹理要清晰地凸显出来，花纹的色彩浓度要高于周边地面的色彩。

（d）步骤四：深入刻画细节并完善

图6-10　规划设计效果图（续）

建筑墙面线条选用快速技法绘制，线条的笔直度不必过于要求严格，但线条的定位必须准确。

建筑的屋檐顶棚处于画面的中心地带，为了突出屋檐结构特征，可选择暖色进行基础着色。

选用浅蓝色来表现玻璃的特征，同时为突出建筑的立体感，还需详细表现出建筑前绿植在玻璃上形成的反光影像。

图6-11　近景效果图（何静）

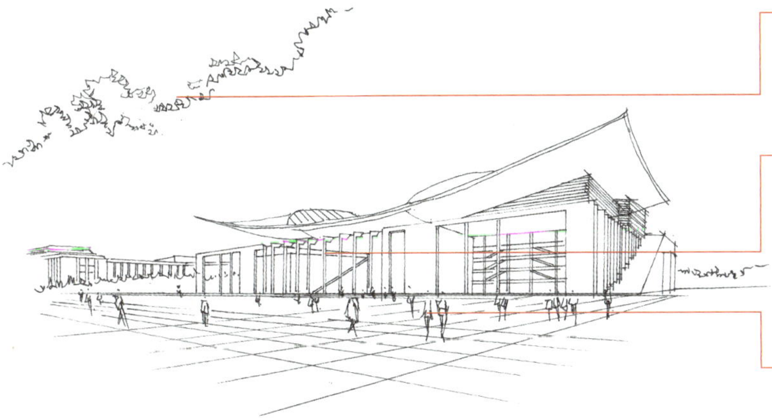

线稿中画面远处的绿化植物可利用运笔自由的波浪线来表现。

线稿中的部分横平竖直的线条可利用直尺辅助绘制，这样建筑的挺括感也会更强。

线稿中作为辅助对象存在的模拟人物，在绘制时要表现出人物的基本形态。

（a）线稿

图6-12　远景建筑效果图（何静）

整幅画面结构较简洁，为了平衡画面结构，避免出现头重脚轻的情况，可适当深化远处绿化植物的色彩。

建筑屋檐底部和主体墙面在着色时应当选择不同色系的色彩来着色，这样画面的视觉效果也会更好。

建筑的间隙处以及内部墙面区域，均可选用纯度较高的色彩着色，但要控制好色彩比例。

（b）着色

图6-12　远景建筑效果图（何静）（续）

6.2.2　酒店效果图

酒店同属于商业型建筑，主要为公众提供洽谈、休憩及娱乐等项目，绘制时要注重建筑与周边配景的协调性，并依据建筑层高的不同以及光照方向的不同选择合适的明暗面（图6-13）。

水面位于画面边缘，主色为蓝色，可选用比较自由的着色线条，这样水面的灵动感也会比较强，整幅画面的视觉效果也会比较好。

天空云彩可选用色彩浓度较深的蓝色表现，这种深色与建筑的局部浅色能形成比较明显的对比，这样也能凸显出建筑结构。

为了突出建筑内凹的结构形态特征，可选择色彩浓度较深的暖灰色来表现，着色时注意保持整体建筑的渐变效果。

树荫在水面形成的阴影比较深，可用偏冷的色彩浓度或较深的蓝色表现，注意水面阴影色彩一定要与天空色彩有所区分。

绿化植物位于画面中心地带，在绘制时要加深对绿化植物层次感的塑造，可选用不同浓度的绿色来进行绿化植物的基础着色与深化着色，必要时还可使用涂改液或者高光笔来点亮绿植的亮部，以增强绿化植物的体积感。

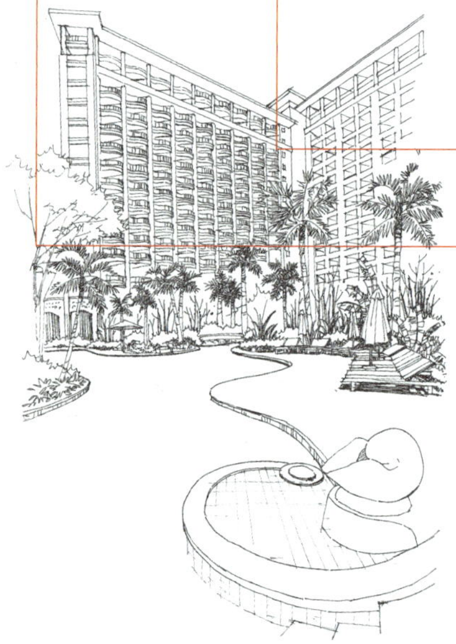

（a）线稿

（b）着色

图6-13　酒店建筑效果图（贺怡）

图6-13（a）：首先要确定线稿中建筑各结构的透视关系是否正确，依据所要表达的建筑内容的不同，所选用的视角也应不同，并检查绘制线条是否过于凌乱；其次便是要分清整幅画面的主次和建筑的主次，要利用线条的粗细和色彩深浅度的不同来区别不同的建筑结构。

6.2.3　休闲度假建筑效果图

休闲度假建筑属于商业建筑，该类建筑的功能性和美观性比较强，在绘制时要能突显建筑的艺术美和几何美，并能通过对建筑结构以及建筑细节的绘制来突显建筑的独特性（图6-14～图6-18）。

（a）线稿　　（b）着色

图6-14　休闲度假建筑效果图（一）（周浪）

图6-15　休闲度假建筑效果图（二）（石骐华）

天空云彩可选用不同色彩浓度的蓝色表现，注意控制好运笔的速度，不同浓度的蓝色之间的融合也应当自然且柔和。

建筑结构所属的类别不同，所需要表现的重点也会有所不同，此处建筑结构可选用浅灰色表现，这样既能与建筑结构的亮面形成对比，同时也能很好地增强此处建筑结构的体积感。

家具位于画面底部区域，可选用偏暖的浅色调来表现，着色时要能清晰地表现出家具的结构特色、材料特色以及纹理特色等。

绘制绿植时要注重层次的塑造，不同光照方向的光线在绿植上形成的阴影会有不同，这一点需要使用不同色彩浓度的绿色来表现。此外，为了烘托建筑构造，可适当细化绿植的叶片形态。

（a）线稿　　（b）着色

图6-16　休闲度假建筑效果图（三）（周浪）

玻璃幕墙可选用浅蓝色来表现，注意处理好与天空之间的衔接，玻璃幕墙底部还需加深色彩，这样才能更好地表现出绿植在玻璃幕墙上形成的反光影像。

草坪面积较大，可选用不同深浅度的绿色来叠加着色，这样不仅可以丰富画面效果，同时也能加深草坪的层次感。

在画面的边缘地带，可适量增强一些石块，石块接近草坪的一部分需简单着色。

图6-17　休闲度假建筑效果图（四）（杨雨金）

图6-18　休闲度假建筑效果图（五）（蒋文武）

6.2.4　别墅建筑效果图

别墅建筑属于住宅型建筑，多呈独栋或多栋分布，周围配备有花园或其他类观赏性景观，在绘制时除需重点表现别墅建筑的造型特色外，还需表现出周边景观的生长特征（图6-19～图6-22）。

图6-19　别墅建筑效果图（一）（杨雨金）

天空云彩的存在要能衬托建筑的形体结构，在绘制时应选用比较自然的笔触。

建筑外墙面在绘制时应当预留出受光面的范围，可适当留白或使用涂改液来表现建筑的反光效果。

建筑玻璃选用不同深度的蓝色叠加表现。注意适当留白，这样建筑的整体感和体积感会更强。

图6-20 别墅建筑效果图（二）（杨雨金）

由于整幅画面的幅面比较小，因此在绘制绿化植物时可以使用大块的笔触来表现树木的形态特征，同时还可辅以顿笔的笔触来表现树木的整体感。

靠近建筑的树木在绘制时要注重层次感的表现，可先使用深色的马克笔着色，然后再使用白色涂改液来点亮树木的亮面。

当画幅较小，为了平衡画面，在绘制建筑时，如果建筑的固有色比较深，则可以选择不绘制天空云彩，这样整幅画面也会显得比较整洁。

建筑的暗部区域在绘制时还需保留一定量的反光，并要提前预留出树木衬托建筑的空间，可选用涂改液来表现建筑上的反光效果。

（a）线稿　　（b）着色

图6-21 别墅建筑效果图（三）（贺怡）

（a）线稿　（b）着色

图6-22　别墅建筑效果图（四）（周浪）

6.2.5　办公建筑效果图

办公建筑属于商业型建筑，一般位于城市中心地带，且周边配有娱乐场所和休闲场所，在绘制时要选择正确的色彩，可先考虑建筑的固有色（图6-23～图6-32）。

图6-23　办公建筑效果图（一）（杨雨金）

天空云彩绘制手法比较自由，选用了多种不同的笔触叠加而成，能营造一种风云变幻的视觉效果。

建筑墙面要注重对受光面的刻画，可选用点笔和适当留白的方式来强化建筑的体积感。

重点刻画处于画面中心的建筑结构，注重主体建筑与周边附属建筑以及与周边环境之间的色彩对比和明暗对比。

图6-24 办公建筑效果图（二）（杨雨金）

建筑顶端可绘制少量的云彩，选用浅蓝色表现即可，云彩可很好地衬托建筑。

绘制时要细致刻画出主体建筑的明暗交界线，这样建筑的体积感才会更强，可绘制倾斜线条来表现建筑暗部区域的特征。

绘制时要区分主体建筑和附属建筑，可使用点笔的方式来表现附属建筑的形体结构特征。

树木处于远景范围内，可选用不同色彩浓度的深绿色来表现。

图6-25 办公建筑效果图（三）（杨雨金）

天空云彩选用浅蓝色彩铅线条表现，能很好地衬托建筑的形体结构。

三角形建筑的墙面在绘制时要重点表现光影关系，以三角形形式运笔。

可选用不同色彩浓度的蓝色来表现出玻璃幕墙的反射效果。

图6-26 办公建筑效果图（四）（蒋文武）

天空云彩采用了顿笔的技法，能够很好地表现出云朵的造型美和立体感。

主要表现玻璃的反光影像，注意要与天空云彩的颜色有所区分，建议选用偏冷的蓝色。

建筑墙面要依据建筑材料的不同选择不同的笔触，可适当运用点笔的技法来丰富建筑材料的材质效果。

画面远处的树木简单绘制即可，此处选用了冷灰色，可以很好地与建筑的色彩相搭配。

图6-27　商务办公建筑效果图（一）（石骐华）

在绘制天空云彩时可在蓝色底色基础上增添少量的粉色，这样既能烘托主体建筑，也能丰富画面效果。

绘制主体建筑时要表现出阳光照射的方向，着色时应当由上往下逐渐加深色彩。

建筑结构由交替的线条组成，可以很好地平衡画面。

草坪要沿着同一方向绘制，这样也能更好地表现出草坪被风吹倒的景象。

图6-28　商务办公建筑效果图（二）（石骐华）

天空云彩选用了不同深浅度的蓝色，运笔比较自然，艺术美感比较强。

建筑墙面选用了倾斜笔触，既能很好地表现出阳光照射的方向，同时也能增强画面的真实感。

道路可借助直尺辅助绘制，这样画面整洁感也会比较强。

灌木绘制比较整齐，能与四四方方的建筑形成呼应。

图6-29　商务办公建筑效果图（三）（王璇）

建筑墙面的色彩比较浅，能与天空云彩形成比较强烈的色彩对比，这种表现形式也能很好地烘托建筑的形体结构。

在绘制建筑墙面时要确定好光照的方向，并利用色彩深浅度的不同来区分建筑的明暗面。

天空云彩用色大胆，且分层次绘制，围绕在建筑周边的色彩较深，远离建筑的云彩色彩较浅。

图6-30 商务办公建筑效果图（四）（王璇）

建筑受到灯光的影响，受光面在墙面的左侧，背光面在右侧。

建筑内部的灯光会形成比较强烈的光照效果，在绘制玻璃幕墙时要考虑这一点，要适当使用蓝色来表现玻璃幕墙上的反光影像。

水面要注重对阴影的刻画，可横向运笔来表现建筑倒影，并适当的竖向运笔，以便更好地区分不同的色彩，丰富画面效果。

图6-31 商务办公建筑效果图（五）（王璇）

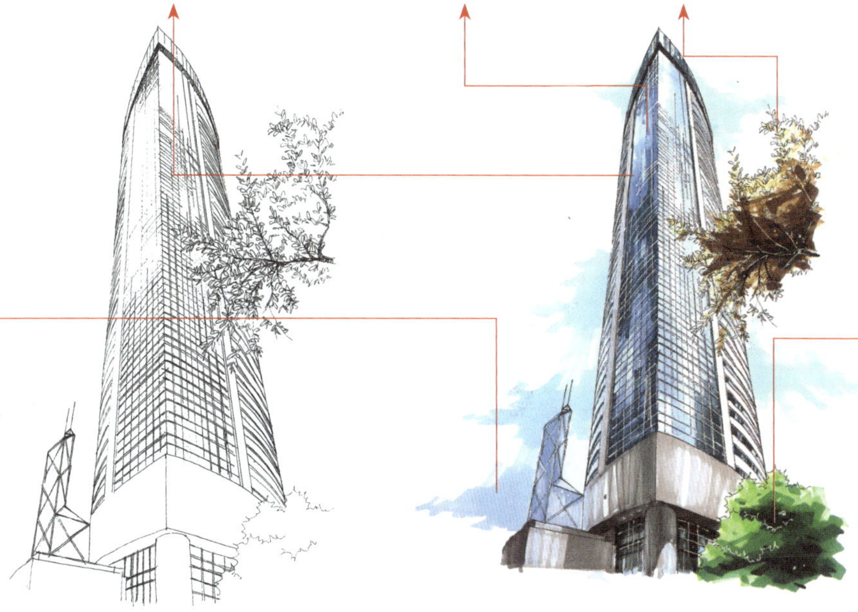

（a）线稿　　（b）着色

图6-32　办公建筑效果图（六）（贺怡）

图6-32（a）：线稿应分清建筑中的主次结构，明确画面中暗部面积，协调好建筑与周边环境之间的明暗对比度。根据远、中、近景的不同选择不同深浅度的排列线条，巧妙运用多种不同的笔触来使画面效果更具视觉美感和艺术感。

6.2.6　博览中心建筑效果图

博览中心建筑需要同时具备展览功能和会议功能，这类建筑造型一般具有比较强的审美性，在绘制时要明确建筑的透视方向和光影关系，并能清晰地展示在图纸上（图6-33～图6-42）。

图6-33　博览中心建筑效果图（一）（王璇）

草坪位于画面边缘，绘制时除基础马克笔着色外，还可使用深色的彩色铅笔在草坪表面再覆盖一层。这样画面效果会更好，整体画面也会更平稳。

建筑造型为弧形，因此所绘制的阴影也应当为弧形。

在着色时需要考虑到建筑自身材料对建筑色彩产生的影响，在具体绘制时，要能突显出玻璃幕墙的色彩特征。

建筑的顶端所选用的色彩比较深，为了平衡画面色彩，天空云彩可不着色。

（a）线稿　　（b）着色

图6-34　博览中心建筑效果图（二）（周浪）

云彩选用了点笔绘制，真实感比较强，视觉效果也比较好。

建筑倾斜墙面在着色时由上往下逐渐加深色彩，这种表现形式能够很好地增强建筑的层次感。

建筑入口处为画面的中心，绘制时要重点刻画细节，要注重对玻璃幕墙反光影像的描绘，注意玻璃幕墙的蓝色要与天空云彩的蓝色有所不同，这样画面的色彩也会比较平衡。

图6-35　展览馆建筑效果图（一）（杨雨金）

绘制时要分清建筑的明暗面，并清晰地绘制出明暗交界线。

建筑屋檐下部分的背光面可选用红色和灰色叠加表现，可采用平铺和点笔的笔触，这样建筑的层次感和体积感也会更强。

建筑的亮面可选用倾斜笔触来表现，这种表现形式能够清晰地表现出光照方向。

建筑门窗在绘制时应当适当的加深反光效果，可适当留白，以突显出反光影像。

图6-36　展览馆建筑效果图（二）（杨雨金）

6.2.7　古建筑效果图

古建筑带有浓郁的古朴气息，并寄托了前人深厚的情感，在绘制时要注重建筑细节的表现，如屋檐结构及建筑榫榫结构等（图6-37～图6-44）。

建筑屋顶绘制时先使用了浅色的马克笔覆盖，然后使用相近色的彩色铅笔在其表面又覆盖了一层，这种表现形式能够有效增强建筑屋顶的层次感和体积感。

作为辅助存在的人物可有选择性地着色，这样画面的真实感会更强。

水面选用了不同深浅度的蓝色，视觉感比较好，注意这种蓝色要与天空的颜色有所区分。

图6-37　民居古建筑效果图

建筑的圆弧形造型选用波浪线绘制，运笔速度比较稳，笔触细腻且柔和，且两边弧形造型互为对称，整体画面的构图比较平衡。

建筑结构可选用暖灰色表现，但着色时注意不可超过着色范围。

画面中内容较多，要分主次绘制，画面中的绿化和灌木均选用同一色系，画面的整体感比较强。

栏杆结构位于画面的近景范围内，选用暖灰色可以很好地表现该结构的材质特色，同时也能与画面远处没有着色的结构形成比较明显的虚实对比。

图6-38　古典建筑效果图（朱丝雨）

窗台下的墙面选用了深色，能很好地表现出墙面的材质特征。此外，窗台下的阴影区域也需再次加深色彩。

可通过细致刻画建筑内部灯光，从侧面烘托建筑的形态，并表现出建筑所处的环境特征。

岸边的背光面色彩比较深，且明暗交界线也比较明显，这种表现形式能很好地增强河岸的体积感和轮廓感。

对水面倒影的细致刻画可以有效增强画面的真实感，此处水面倒影所选用的色彩比较深，横向排列的线条也能很好地加深水面的反射效果。

图6-39 古建筑街景效果图

建筑位于画面的高处，所选用的色彩比较浅，并与天空的色彩互为相近色。

屋顶位于画面的中下部分，为了有效衬托画面上部的浅色建筑，可选用色彩浓度较深的棕红色。

建筑屋顶位于画面近景区域内，所选用的色彩比较浅。

为了协调画面美感，也为了完善画面效果，在建筑绘制结束后还需绘制相关配景。此处街道在灯光的照射下呈现为暖黄色。

图6-40 古建筑街景效果图（王猛）

建筑上方的云彩绘制比较自然，且呈现团状，视觉效果比较好。

建筑屋檐下方的色彩浓度比较深，这种明暗对比能够有效增强建筑的立体感。

配景选用乱线绘制，有一种凌乱美。

建筑结构为弧形，因此阴影也为弧形，阴影的深色与该弧形结构顶部的浅色形成明显的色彩对比。

走在台阶上的行人简单绘制其轮廓和行走姿态即可。

图6-41　古建筑效果图（金晓东）

通过绘制密集的线条来表现建筑阴影特征，这种表现形式也能有效增强建筑的体积感。

建筑屋檐下的阴影可选用偏冷的灰色表现。

台阶要能区分出凹面和凸面，利用涂改液点白台阶的外凸阳角部位，可以有效强化台阶的真实感。

石块的暗部区域可选用黄绿色，这种色彩可以很形象地表现出青苔的形态。

靠近画面边缘的石块同样可以选用密集的线条表现，这样石块的体积感也会比较强。

图6-42　古寺庙建筑效果图

6.2.8 规划设计效果图

规划设计所囊括的内容比较多，如道路、桥梁、河湖、建筑以及部分地形结构等，在绘制时要有比较清晰的大局观，要明确画面中心，要主次分明，并能在图纸上正确的表现出透视关系、明暗关系及光影关系（图6-43、图6-44）。

图6-43 规划设计效果图（一）（杨雨金）

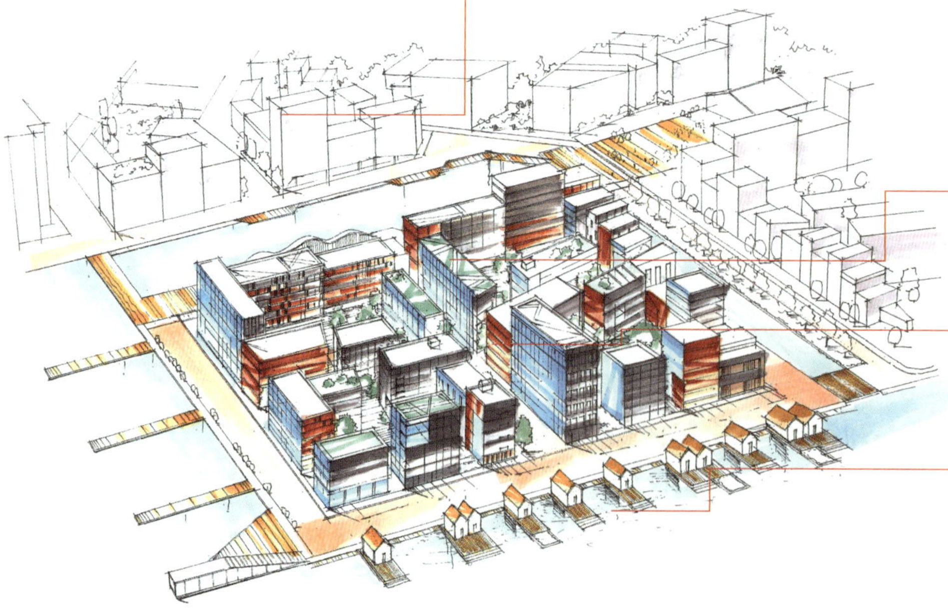

图6-44 规划设计效果图（二）（周灵均）

本章小结：

本章主要讲解了建筑快题设计中单张效果的绘制方法。对不同类型建筑设计特征进行了细致分析，专项讲解建筑的塑形、着色方法；强调效果图的绘制步骤，分解图中局部细节的多样画法；注重色彩基调与运笔方向，指出云彩表现的运笔技巧；最终从宏观上提升快题设计的快速表现水平。

●课后练习

1. 基础着色与叠加着色的关系是什么?
2. 建筑效果图中需要刻画细节的主要为哪些部位?
3. 涂改液与白色笔在效果图中主要运用在哪些方面?
4. 参考本章图6-5，练习建筑效果图分解步骤的表现技法。
5. 参考本章图6-39，练习建筑效果图的表现技法。
6. 上网收集一张行政办公区建筑群的鸟瞰规划图片，重新设计改进并绘制一幅鸟瞰效果图。

第7章

建筑快题设计作品解析

学习难度：★★★★☆

重点概念：版面设计、元素、布局形式、优秀作品赏析

章节导读：建筑快题设计应注重版面设计，将有效设计元素均衡、和谐地摆放在图稿中，确保设计元素完整且多样化。本章列出建筑与规划快题设计优秀作品，对图面表现技法和色彩搭配进行细致解析，从中总结、归纳建筑表现与快题设计的要点（图7-1）。

图7-1 建筑快题设计版面（赵银洁）

图7-1：建筑快题设计内容较多，需要对版面进行有序规划，形成具有秩序感的版面构图，可采用直线来划分版面区域，让版面内的元素形成有序布置。

7.1 快题设计版面

快题设计讲究版面构图，版面设计要求具有形式美感，让版面中各种图文元素能清晰展示在评卷老师面前，版面设计要求能表述设计内涵。

7.1.1 版面设计元素

版面设计是快题设计中必不可少的一部分，它要求考生在绘制快题设计时分清画面主次，并能赋予图稿视觉和色调的双平衡。一般快题设计中主要包括标题、创意思维图、平面图与顶面图、立面图与剖面图、效果图以及设计说明，这几种版面元素在图稿中占有不同比例（图7-2）。

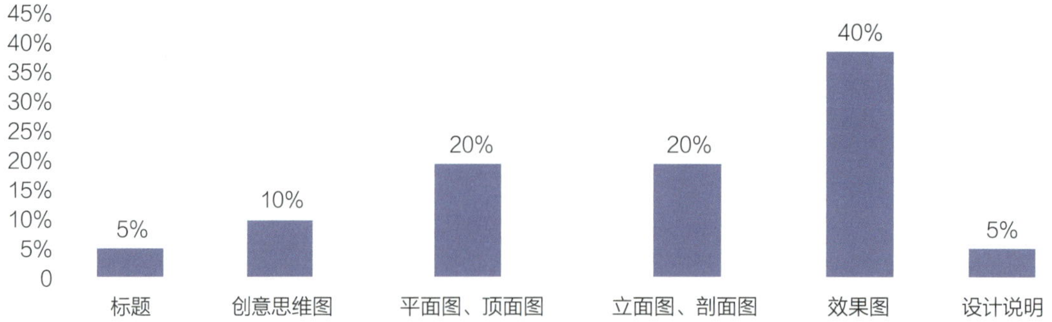

图7-2 版面元素所占比例示意图

图7-2：版面设计要求整洁合理，快题设计图稿在视觉上有整齐感，主要体现在两点，一是设计元素与整体框架之间要对齐，单块与单块之间要对齐，单块与整体之间要对齐；二是快题设计图稿中不同的隐形矩形框要对齐，图稿中的色块、文字以及效果图等要成组或成区块呈现在图稿上。此外，绘制快题设计图稿时要合理运用色块，根据不同设计对象，所占的色彩比例也要有所不同，且画面中应当有主色和配色，色彩的浓度也应当符合设计要求。

7.1.2　版面布局形式

快题设计图稿中的版面布局讲究平衡性和逻辑性，平衡性要求图稿中所有设计元素所处的环境之间能够相互平衡，设计元素所占的比例能够相互平衡，设计元素所占的面积能够相互平衡；逻辑性的要求快题图稿中的版面构图能够满足公众日常的观赏习惯，要求图稿中绘制的内容能够清晰表现出设计立意，能完整且连贯地传达设计内涵，图稿最终所形成的视觉效果极具美感。下面列出快题设计图稿中常见的几种版面布局形式（图7-3）。

7.2　优质作品解析

本节主要介绍不同类型建筑与规划快题设计要点，通过对快题设计作品进行解读，以此来获取绘制经验，同时也能从中得到启发，这也能为考试夯实基础。

7.2.1　建筑设计快题作品

建筑类型比较多，如教学楼、设计工坊、美术馆、图书馆等，在绘制建筑快题设计图稿时要能准确表现出建筑的造型特征，并通过对光影关系与透视关系的合理把控，获取更具视觉美感的画面效果（图7-4～图7-19）。

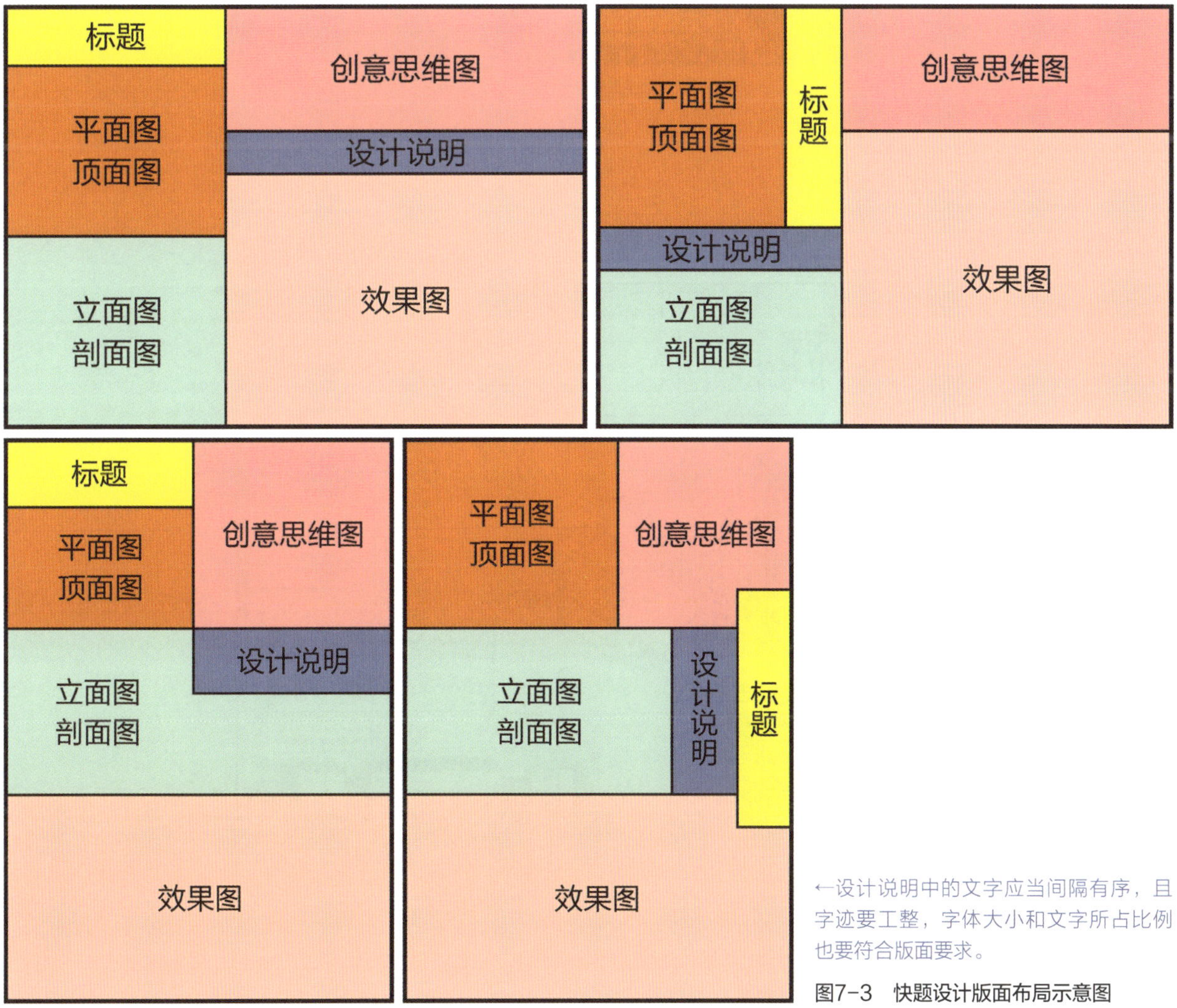

←设计说明中的文字应当间隔有序，且字迹要工整，字体大小和文字所占比例也要符合版面要求。

图7-3　快题设计版面布局示意图

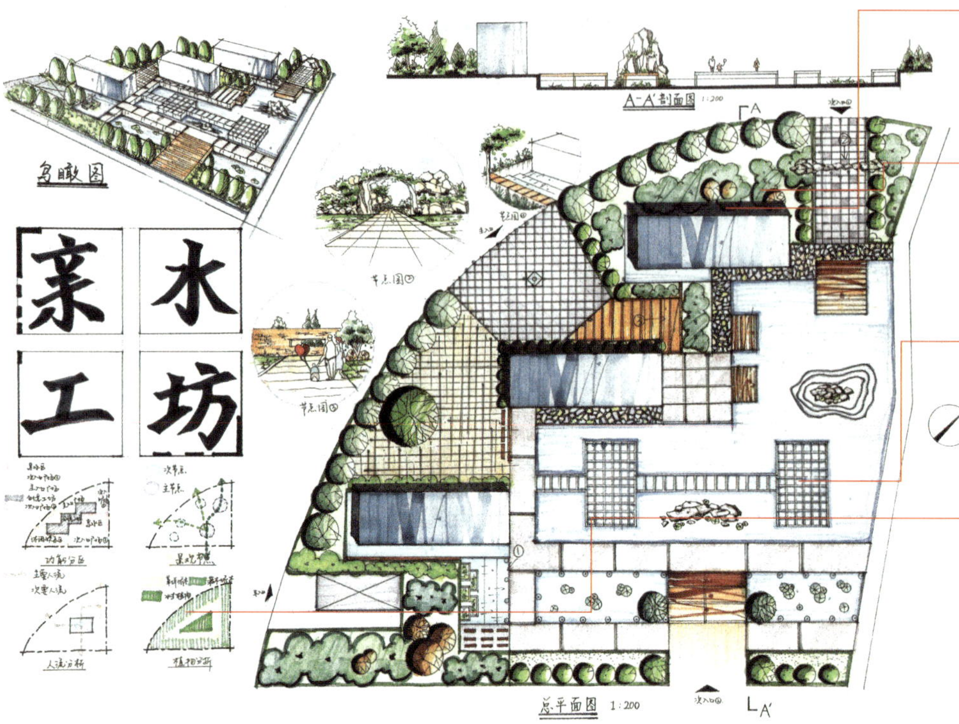

建筑的背光面需要重点刻画，这样建筑的体积感和立体感才会比较强。

建筑受光面局部采用了平移和扫笔的笔触，这两种笔触有序叠加在一起，建筑的体积感会更强。

观景平台和桥梁借助直尺辅助绘制而成，画面整洁感比较强，总体线条秩序感也会比较强。

扇形分析图可以加深公众对设计方案的理解，分析图形对齐也能增强画面的整体感。

图7-4 亲水工坊（李婵）

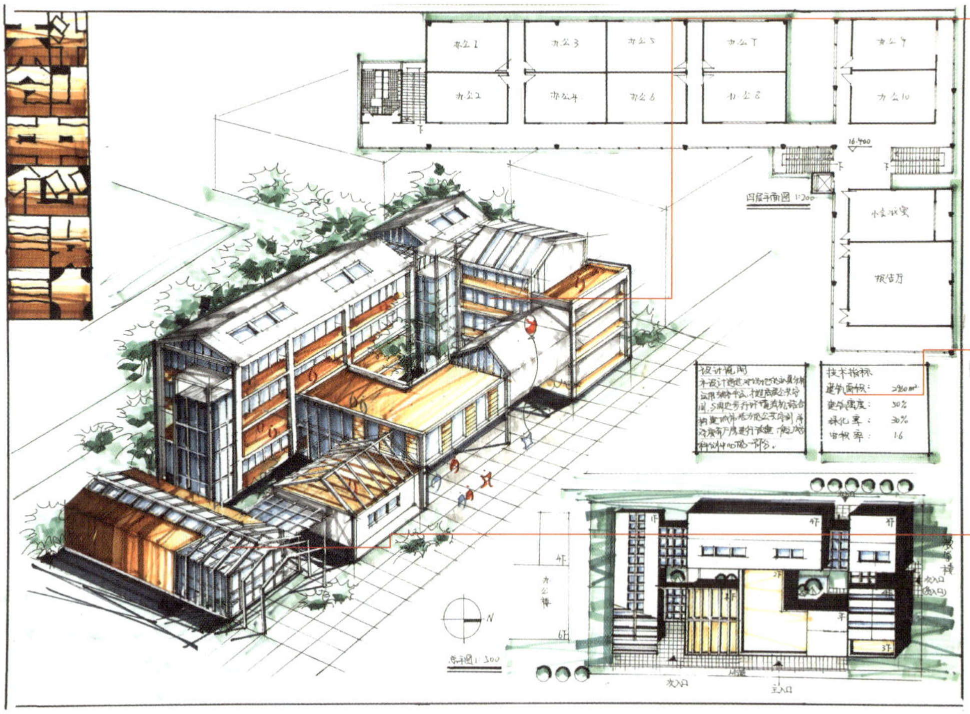

对建筑内部细节的刻画能够更形象表现出建筑设计特色，此处选用蓝色来表现建筑玻璃，并以适量留白来表现建筑玻璃的反光面。

技术指标简单、明了，以数据化的形式突显设计方案的可行性。

建筑明暗面要清晰表现出来，留白能够真实表现钢结构的建筑特点。

图7-5 科创中心

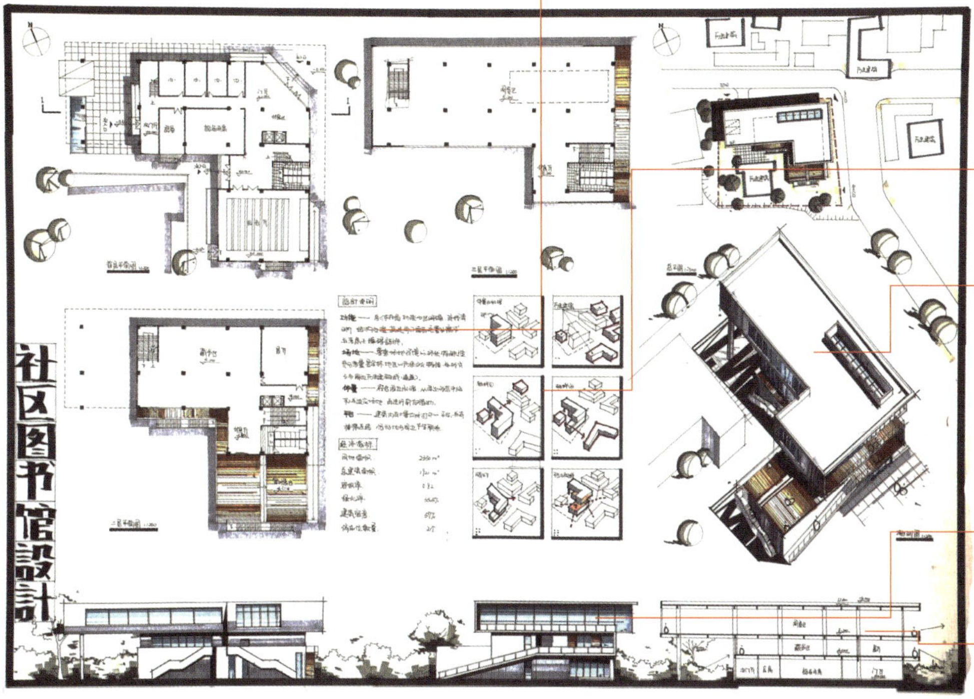

设计说明逻辑清晰，分别从功能、场地、体量、平台等方面阐述该社区图书馆设计的内容。

过程图从不同的角度阐明该社区图书馆设计构思的过程。

受光照影响，此处建筑的受光面积比较大，可以用留白的形式来表现，注意对建筑阴影的刻画。

主体立面图强化阴影层次，让立面图也能表现出一定的体积感。

剖面图中表现出建筑的内部层高与开间数量。

图7-6　社区图书馆（姚鹤立）

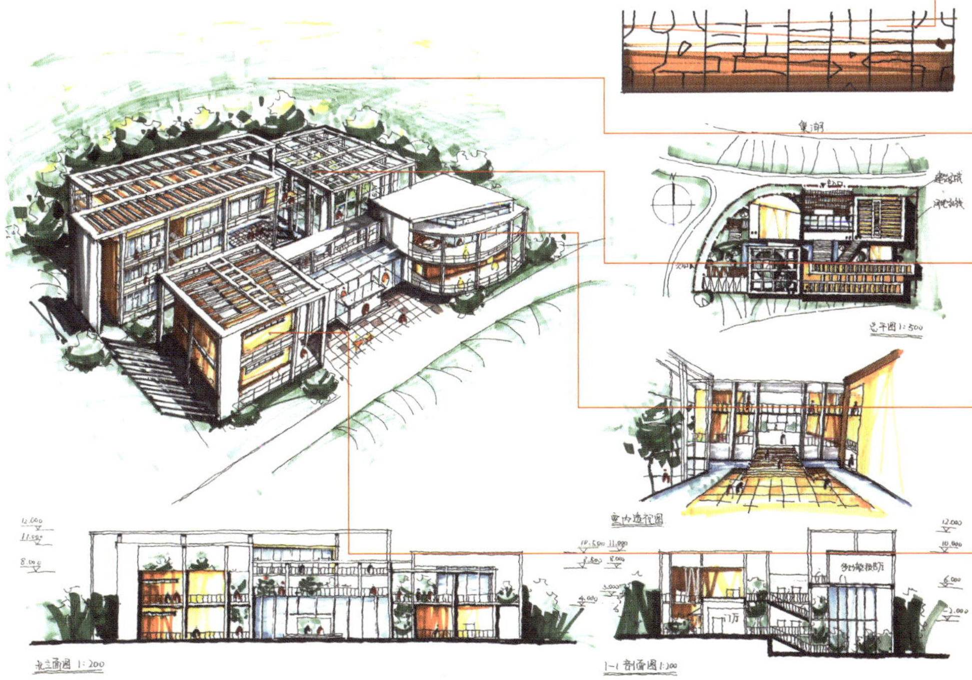

文字中填充过渡渐变色彩，表现出文字的体积，让文字的体块感更强。

画面远处仅用寥寥数笔便将绿植的形象表现得明明白白。

建筑屋顶采用重复交错构造，能快速填充建筑顶面的空白，增强画面的复杂效果。

弧形建筑需要耐心的绘制，建筑顶层结构选用双线绘制，立体感更强。

对建筑内部灯光的刻画能够表现出建筑所处的环境，暖色的灯光也能够营造出一种比较轻松、温暖的学习氛围。

图7-7　教学楼（王鸿晶）

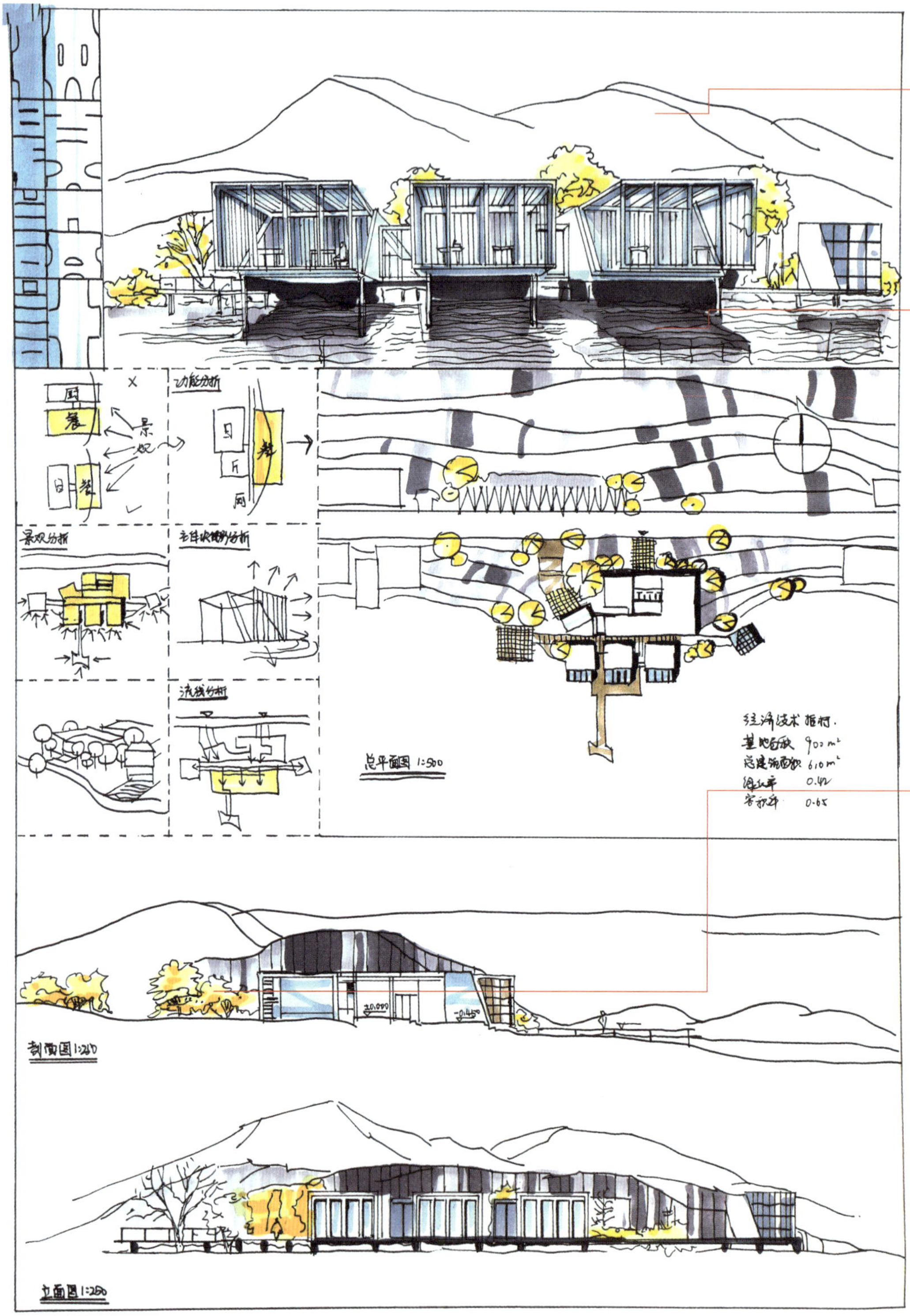

山川选用中等粗细的线条绘制，运笔流畅，且能清晰地表现出山川的形态特征。

建筑下部阴影色彩比较深，与建筑主体色彩形成较明显的对比。此外，建筑下方选用乱线来表现流水，线条有序排列，不会显得过于凌乱，画面的自然感和生动感也会更强。

建筑侧边和后侧的植物选用了点绘的表现方式，既能展现出植物的特征，同时又能烘托主体建筑。

图7-8 休憩中心（一）

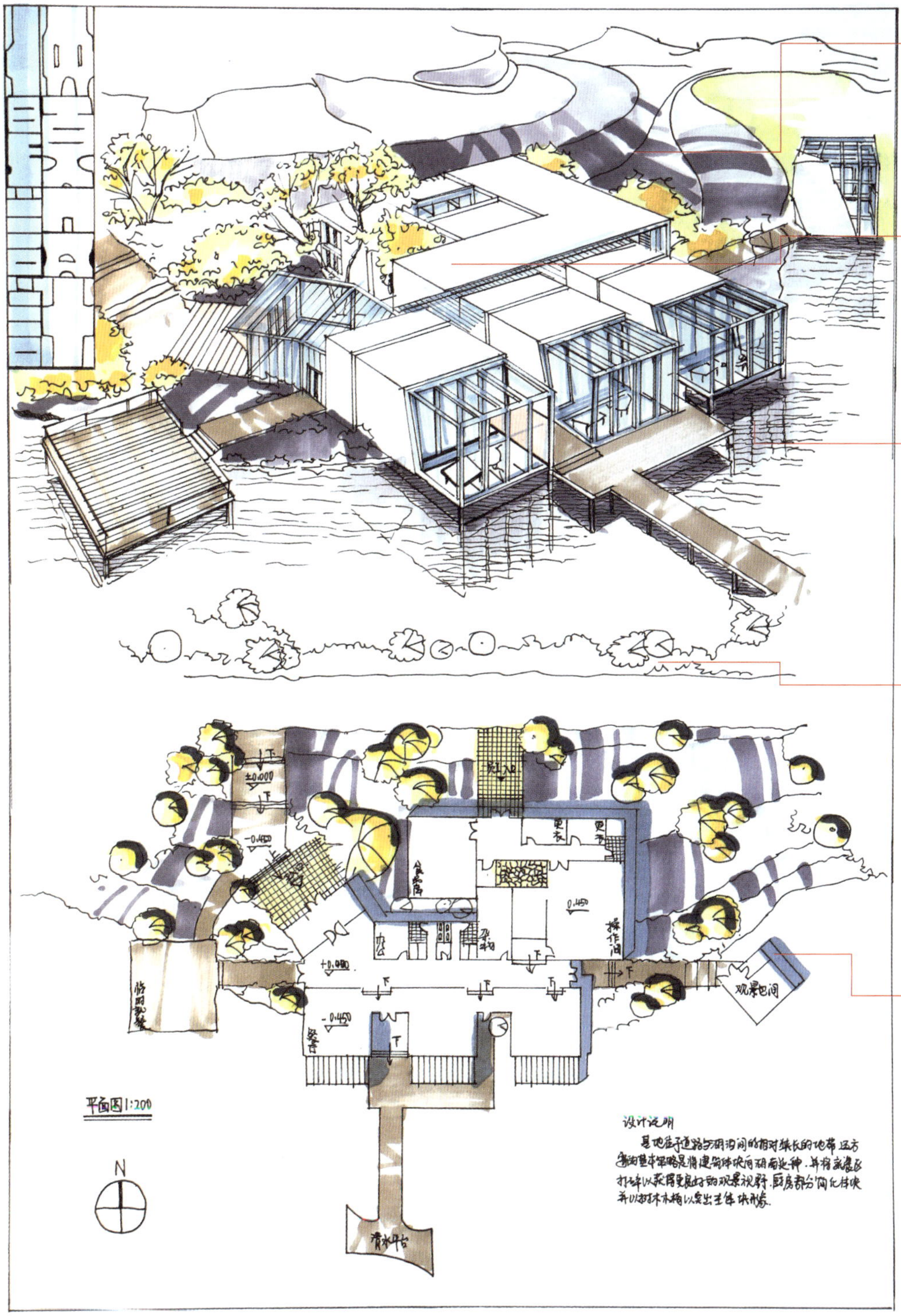

水边建筑的背后大多为山地或坡地，地势高差通过色彩深浅关系来区分，地势较低处为深色，地势较高处为浅色。

鸟瞰视角表现建筑可以简化建筑的透视形态，弱化两点透视的收缩感，让建筑呈现轴测图的视觉特征。

建筑在水面上的倒影形态通过横向小波纹线来表现，这些线条集中在建筑倒影范围中。

效果图与平面图可以紧密结合在一起，绿化带或道路都能成为两图间的分隔带。

平面图既要表现室内空间划分，又要表现建筑的形体感，可以弱化建筑的着色，仅强化侧面墙体色彩即可。

图7-9　休憩中心（二）

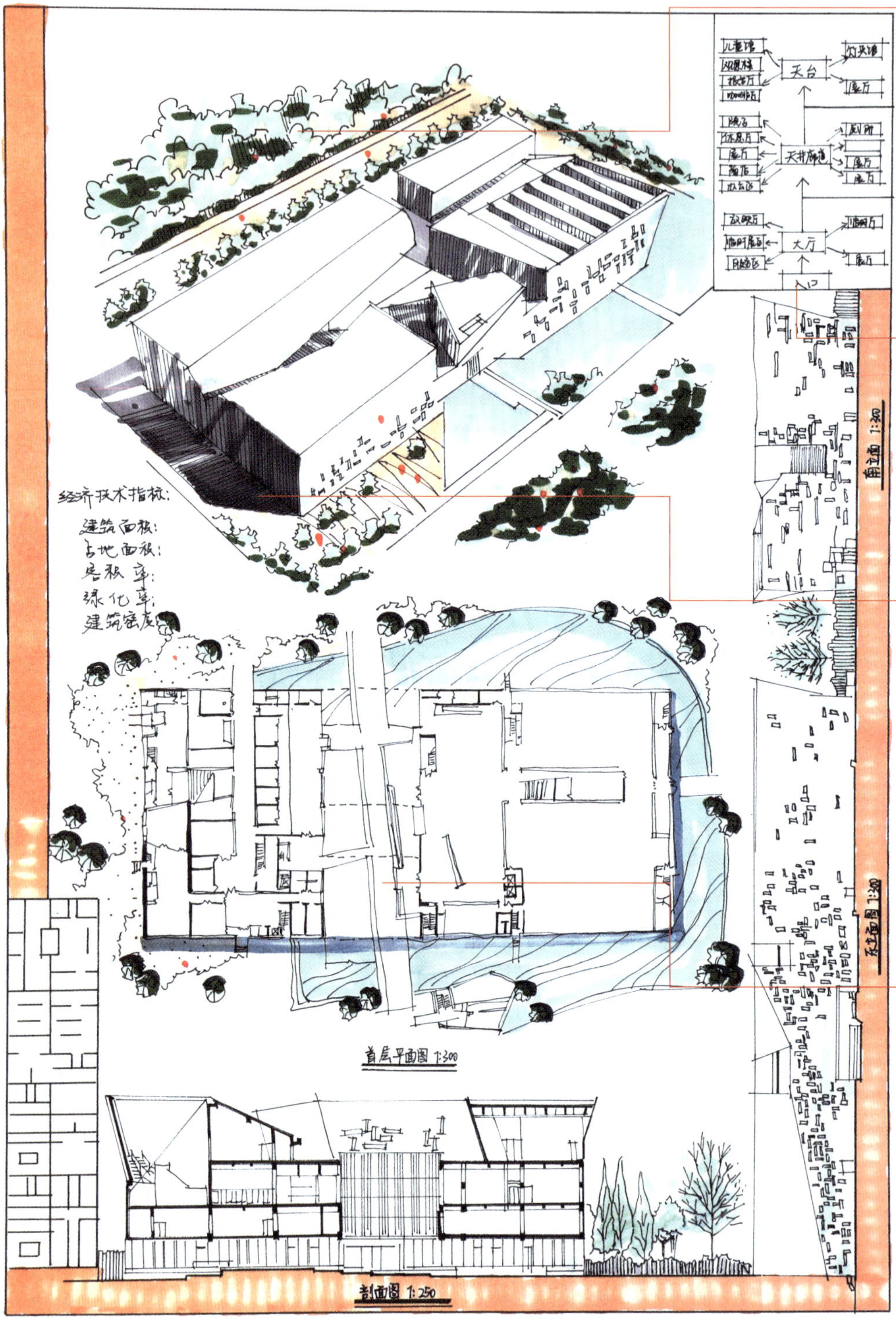

配景的存在是为了更好地丰富画面效果，此处选用多种不同色彩浓度的绿色来叠加表现植物，色彩配比较协调，画面感也很不错。

关系图简单、形象地展示出展览馆内部功能分区之间的关系，这能增强展览馆快题设计的可读性。

密集排列的竖向线条和斜线条可以很好地表现建筑阴影，色彩的不断深化也能增强建筑本身与建筑阴影的层次感。

道路延伸到建筑中时，略有角度，在形态上能表现出规则与自由之间的对比。

图7-10 展览馆（一）

高耸的尖角是建筑造型的主要特征，在效果图中降低视平线能表现凸出的造型，同时也能清晰表现明暗交界线，形成强烈的体积感。

框架线状文字书写简单，能快速建立文字构架，是否着色可根据考试时间来定。

密集的小窗户是建筑外墙造型特色，不规则的窗户形态能引入丰富的太阳光，在室内形成特殊的光斑效果。

分区绘制室内平面图，强调功能分区的合理性，可不着色或少着色，平面图外部可着色来衬托不着色的平面图。

图7-11 展览馆（二）

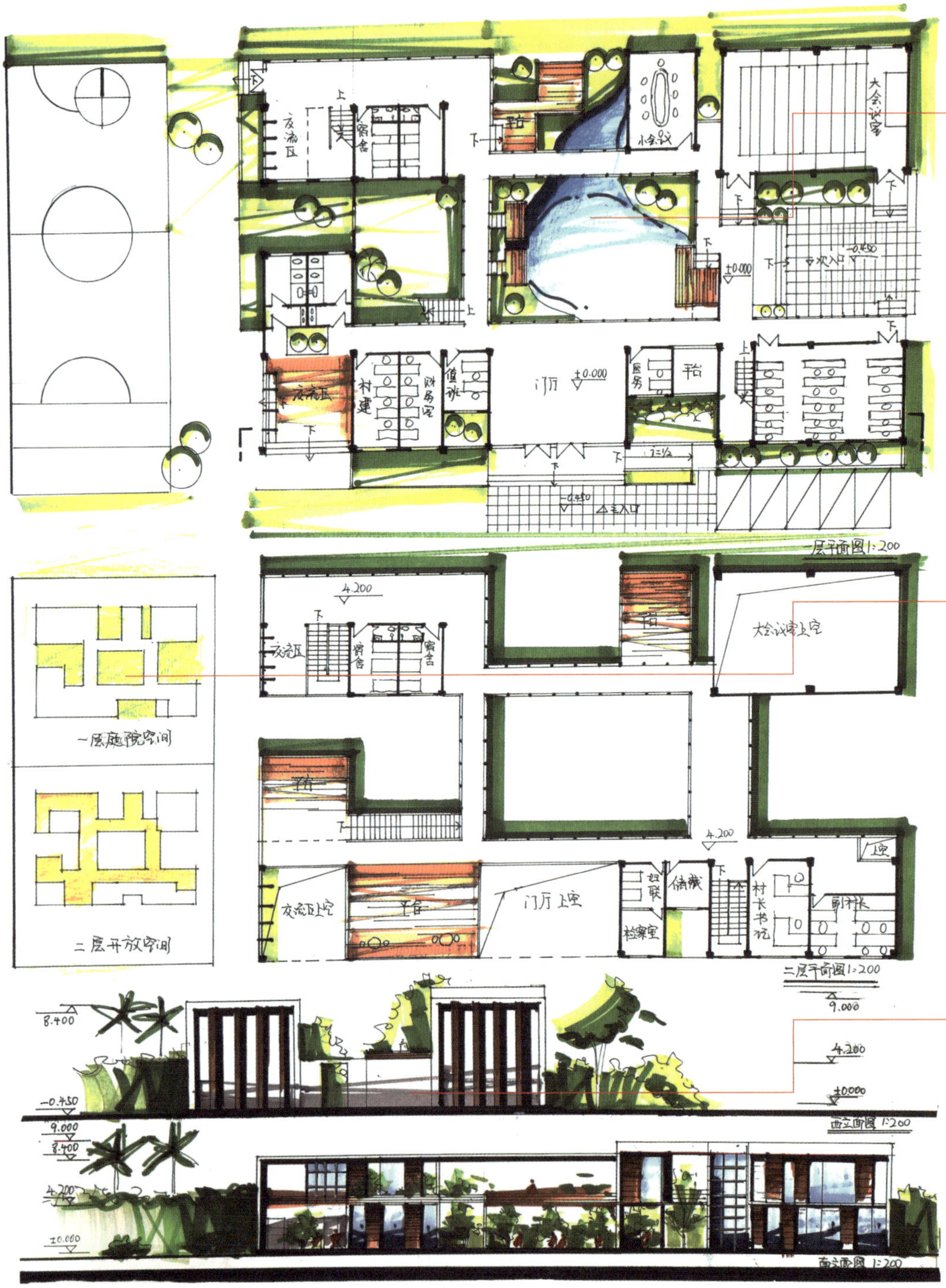

建筑内部形成回廊，方便交通，建筑中央为户外花园，是建筑内各功能区的共享空间，需要重点着色，表现出丰富的色彩对比。

空间示意图能明确指出室内外空间的形态对比。

建筑立面图中的色彩要有明确的区分，建筑的白色外墙能调和绿化植物与木质构造两种色彩。

图7-12　村镇办公楼（一）（王鸿晶）

建筑鸟瞰视角周边配景比较低矮，能形成较均衡的衬托构造，这些配景植物底部色彩较深，能衬托出建筑浅色顶面。

建筑暗部侧面加深，与亮面形成明暗对比，表现出建筑强烈的体积感。

纵向垂直造型是现代风格建筑的特征，这种造型能提升建筑的规范性，在视觉上给人整齐的序列感。

平面图中的绿化带用马克笔平铺，适当保留一些运笔的痕迹，反映出草坪绿化带的体积感。

剖面图中的重要构造适当着色，通过箭头与文字来表述设计意图。

图7-13　村镇办公楼（二）（王鸿晶）

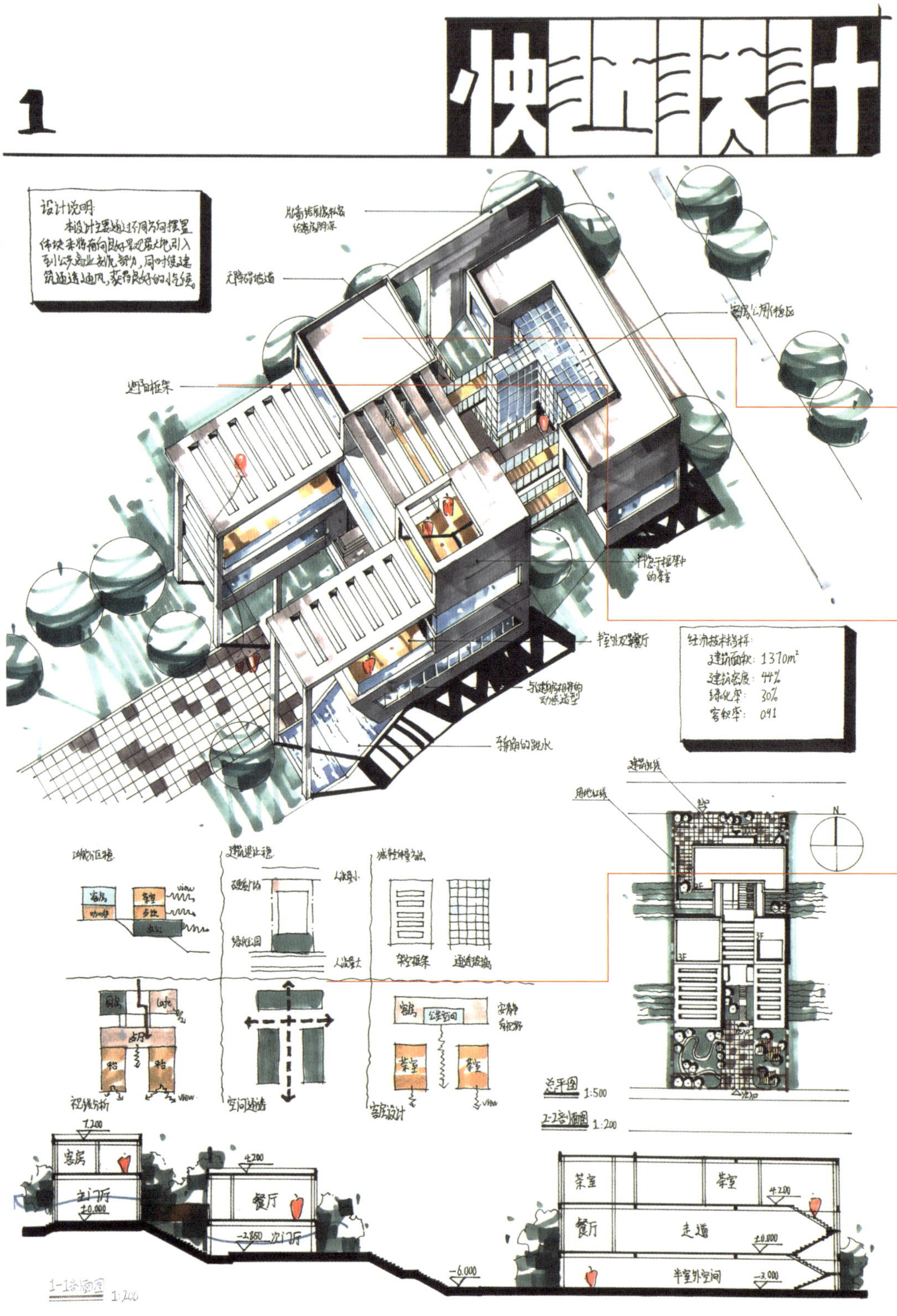

如果对透视造型感到困难，可以将群体造型建筑设计为轴测图，仅表现出体积感，特别适合鸟瞰角度。

用引线与文字标识建筑中的功能和材料，能丰富整体版面效果。

思维导图的创意内容应当从设计本质中挖掘，内容和形式丰富，用线条进行区分。

图7-14 别墅（一）（邱林）

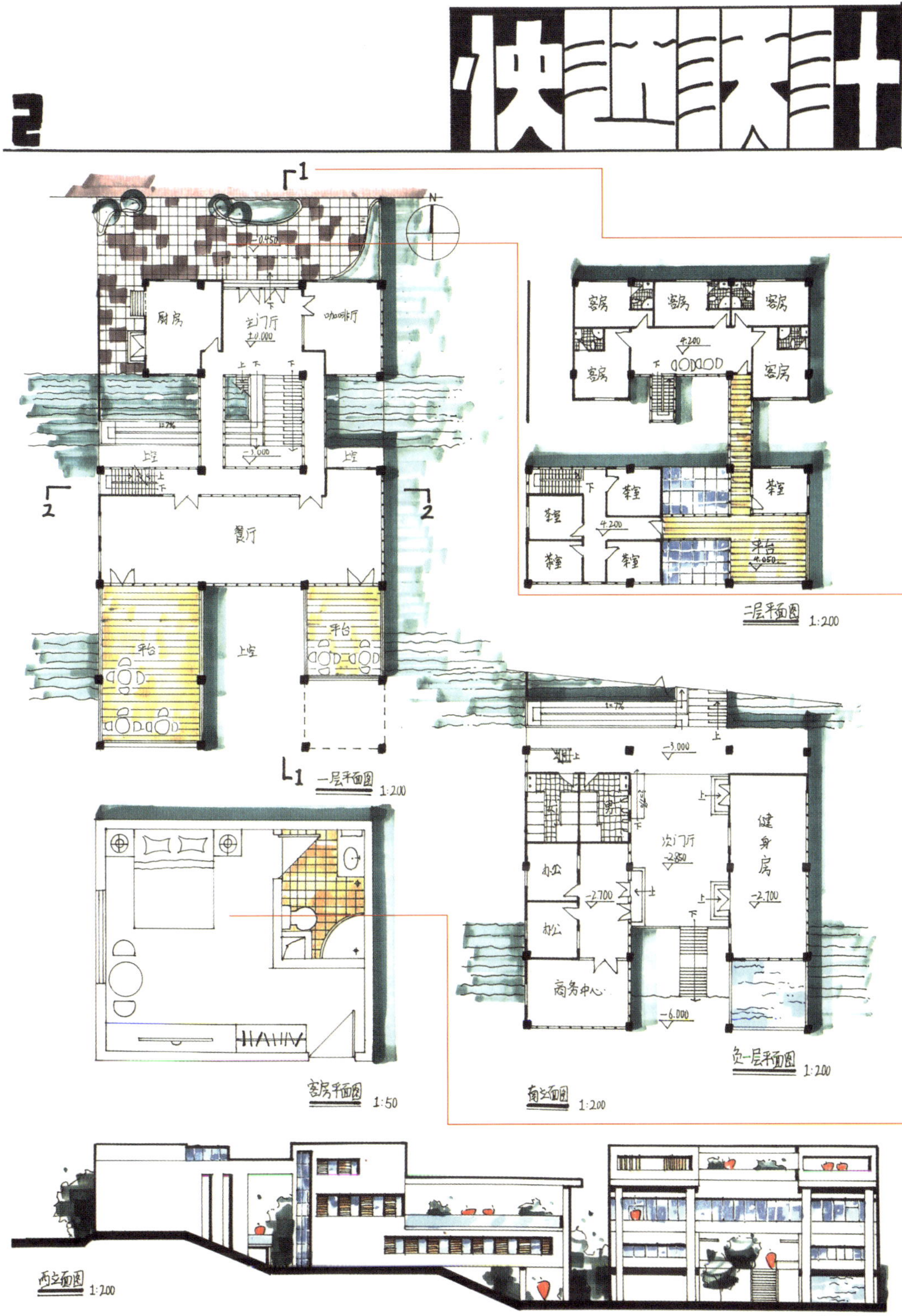

对建筑中央核心构造进行剖切，横向与纵向剖切符号要标识清楚。

平面图强化室外地面铺装与绿化，将室内空间留白，能大幅提高绘图效率，节省考试时间，但是为了强化建筑的体积感，应当在建筑暗部加深投影。

扩展其中一个房间，将内部布局绘制出来，指出建筑的主要功能与性质。

图7-15 别墅（二）（邱林）

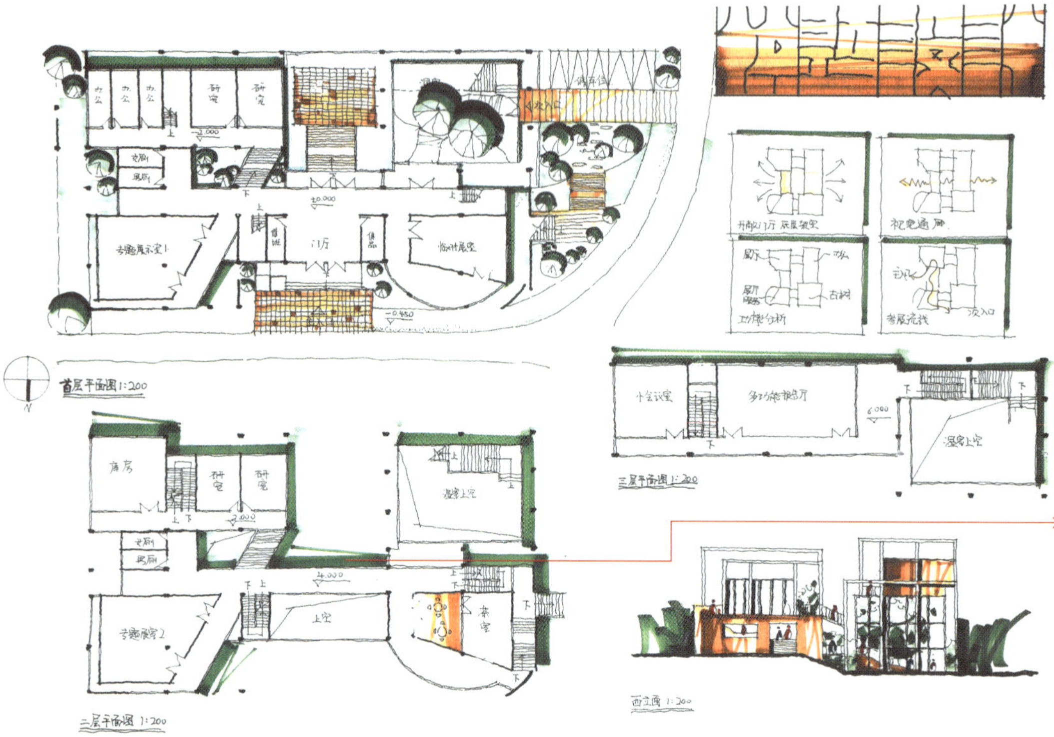

二层平面是一层室内功能区的拓展，整体面积较小，由于没有同层外部环境，仍然可以采用深绿色来强化建筑的体积感。

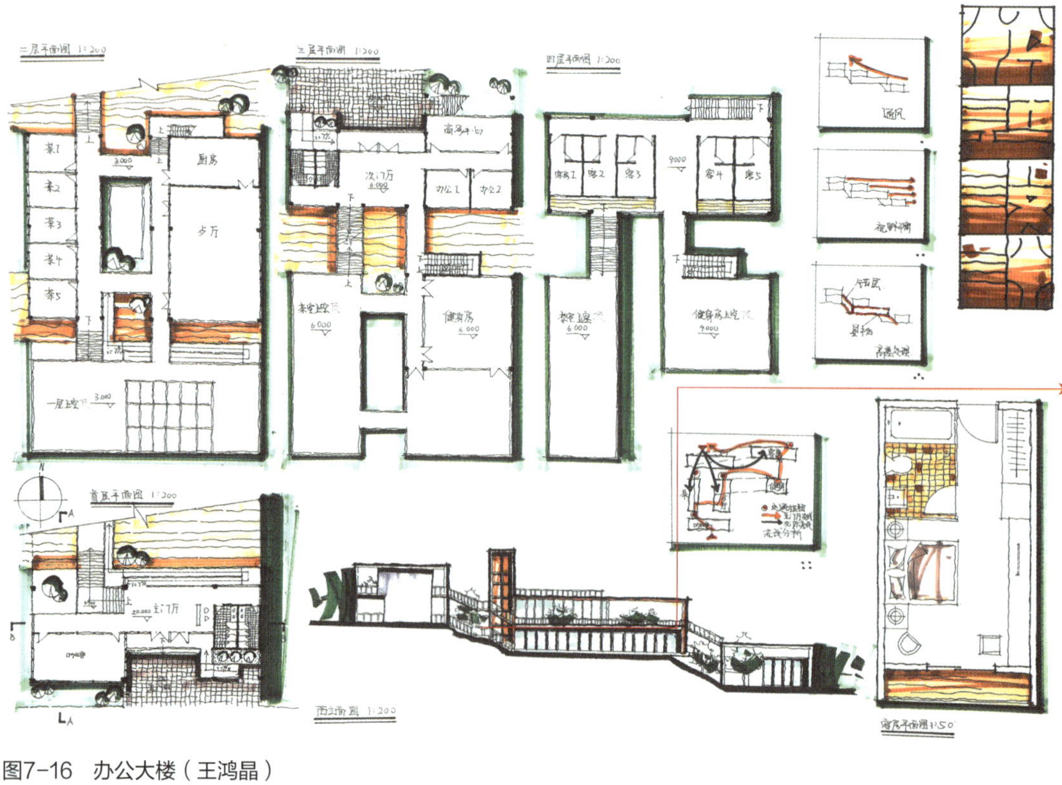

坡地上设计建筑具有丰富的层次感，坡地阶梯的高差通常为1～2层建筑高度，过高会形成建筑功能的分离。

图7-16　办公大楼（王鸿晶）

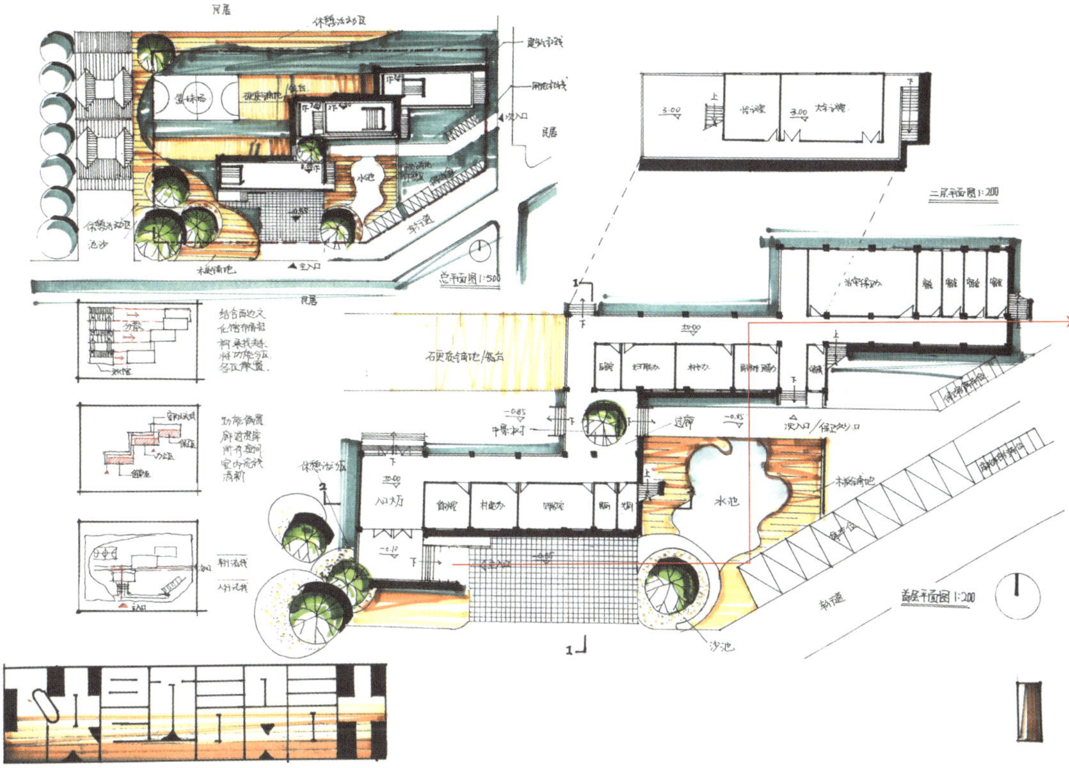

当设计细节较多，而建筑规划面积较大时，可以将局部重点建筑构造放大，强化平面图的内容与布局，形成放大版局部平面布置图，提出建筑设计的核心重点。

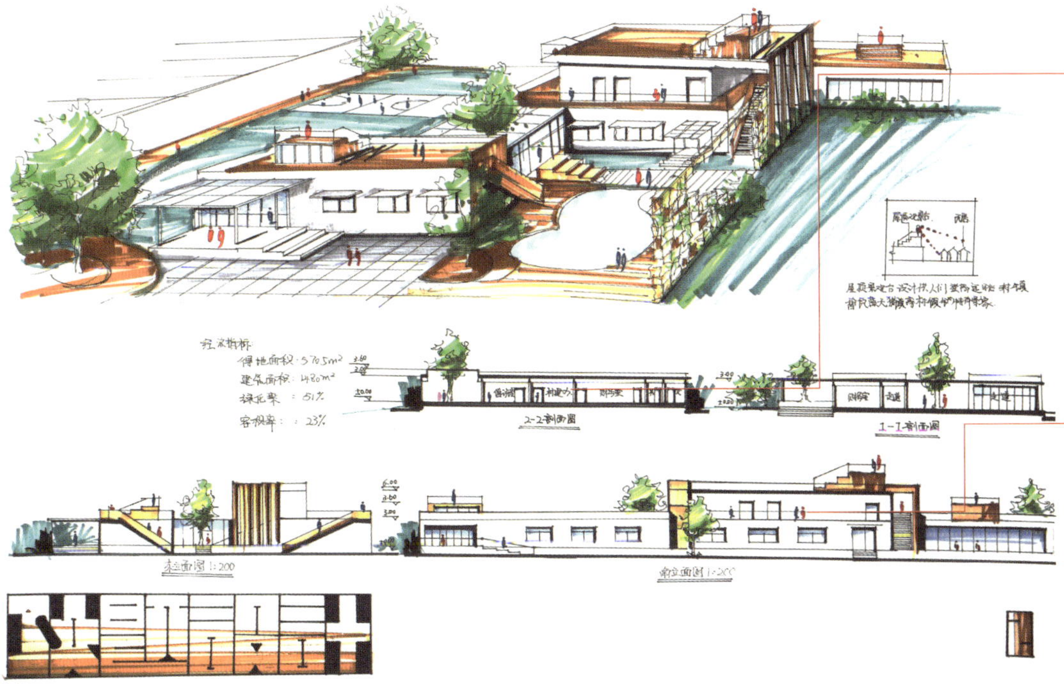

剖面图与立面图相搭配，分别表现出建筑的内外形态，评卷老师能直观对比两者的关系。

适当表现人的形体，从而衬托建筑的形体尺寸。

图7-17　村镇办公大楼（王鸿晶）

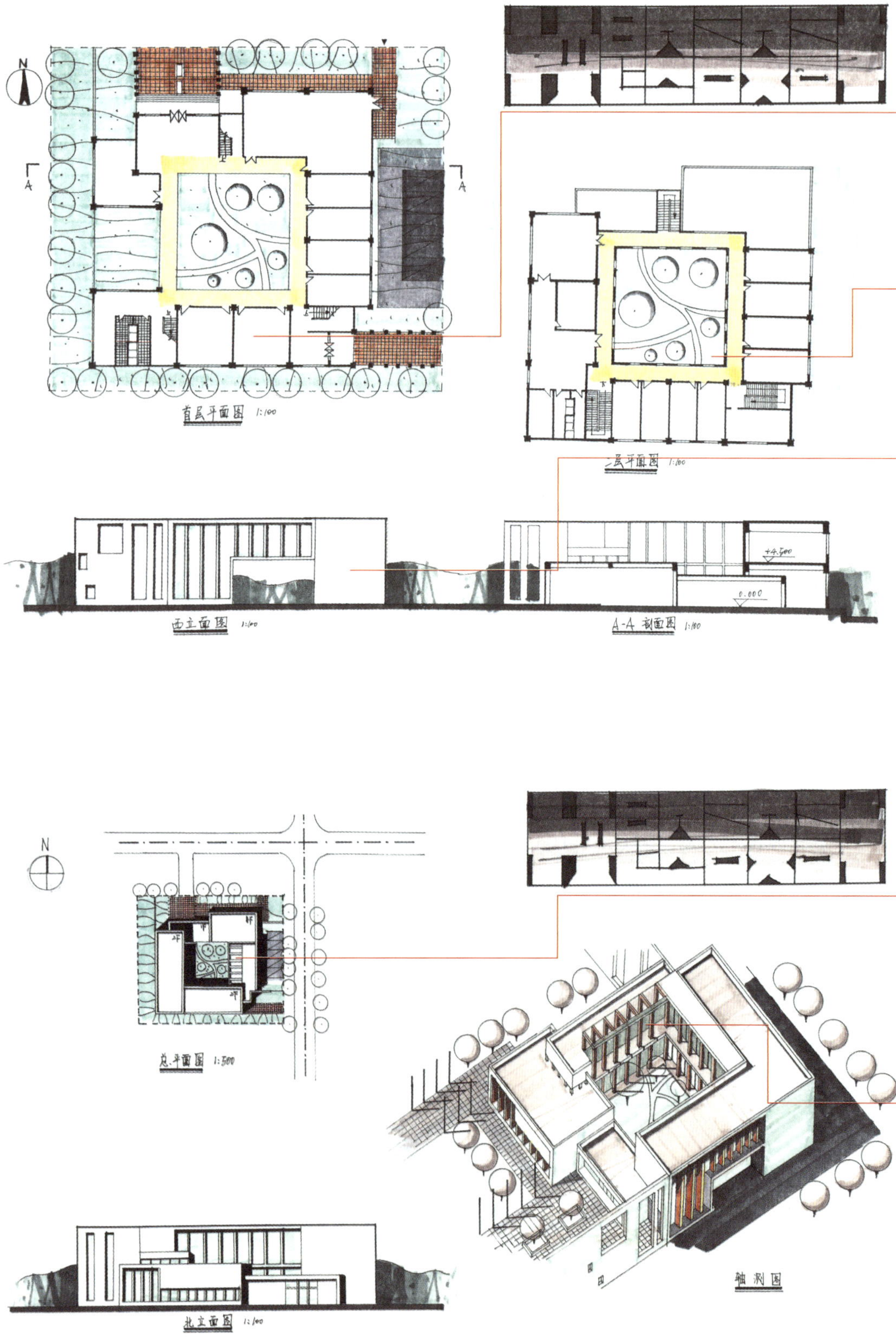

环绕式建筑布局能充分运用紧凑的规划用地，是建筑布局的常用手法。

中央花园道路应对准主要出入口，满足人员流线需求。

外立面图与剖面图对应，背景采用抽象绿化植物来衬托建筑，这样就无需再在建筑上着色。

总平面图主要表现建筑外观顶部构造，强化建筑的投影能提升建筑的体积感。

轴测图中的梁柱构造密集排列，在图中形成一定肌理感，能丰富造型方正的建筑形态。

图7-18　办公大楼（石骐华）

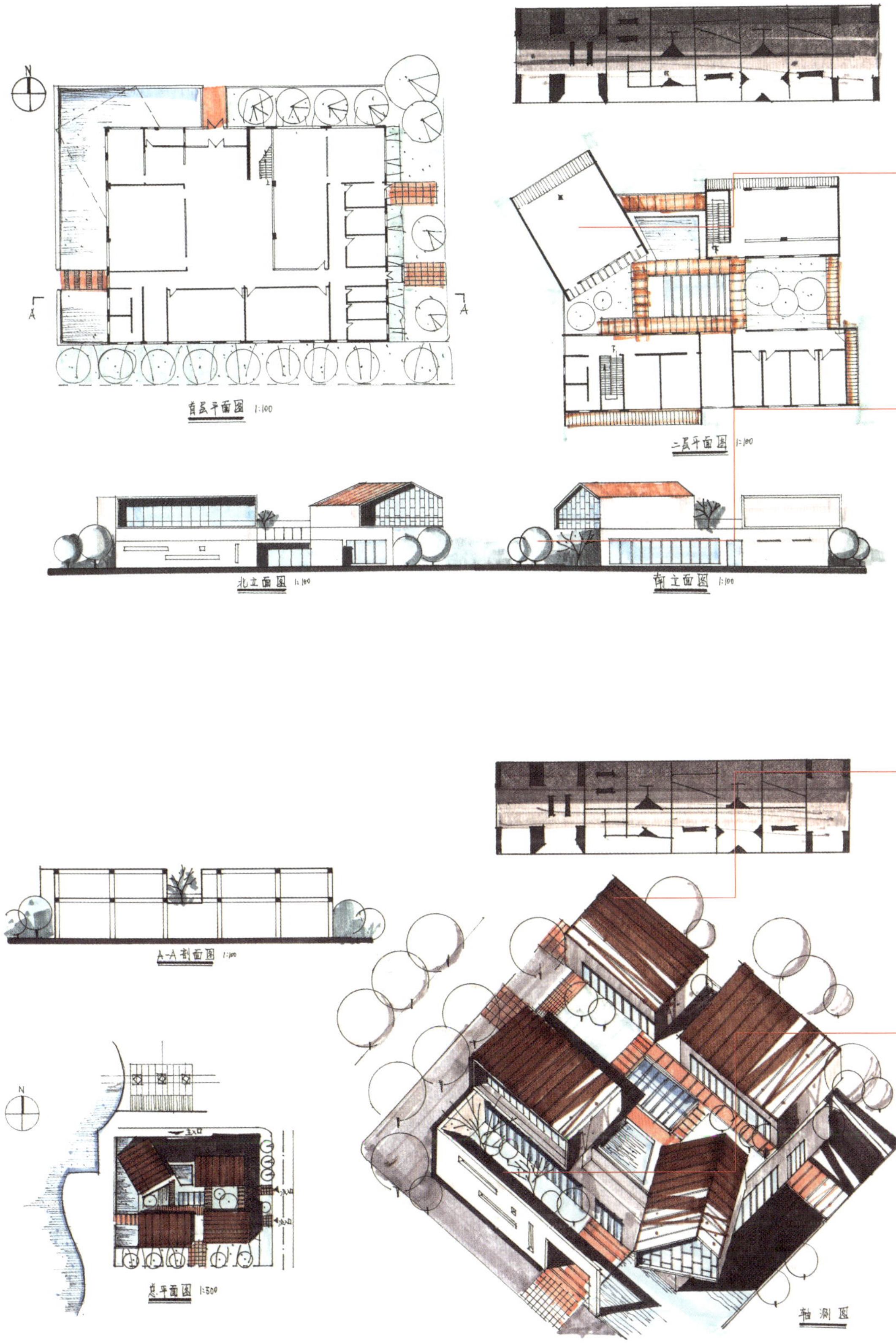

特意凸出建筑造型能打破建筑的平庸感，是整体规划设计的亮点，角度应大于15°。

圆形树木轮廓可以用圆形模板尺绘制，简化表现体积感，提升画面的统一性。

屋顶着色笔触为多方向，表现出屋顶的倾斜坡面与光影关系。

加深投影是强化建筑体积感的重要表现方式，前提是墙面色彩不宜过深。

图7-19　别墅（石骐华）

7.2.2 规划设计快题作品

规划设计的存在是为了更好地进行城市艺术建设，规划设计必须遵循可持续发展原则和以人为本的原则，并协调好人与城市、人与自然以及城市建设与生态环境之间的关系。在绘制规划设计快题时要充分考虑设计方案的可读性和可行性，要从现实出发，图稿中所应用的色彩要能体现设计元素的材质特征，且配景的色彩要能有效衬托主体设计元素（图7-20～图7-28）。

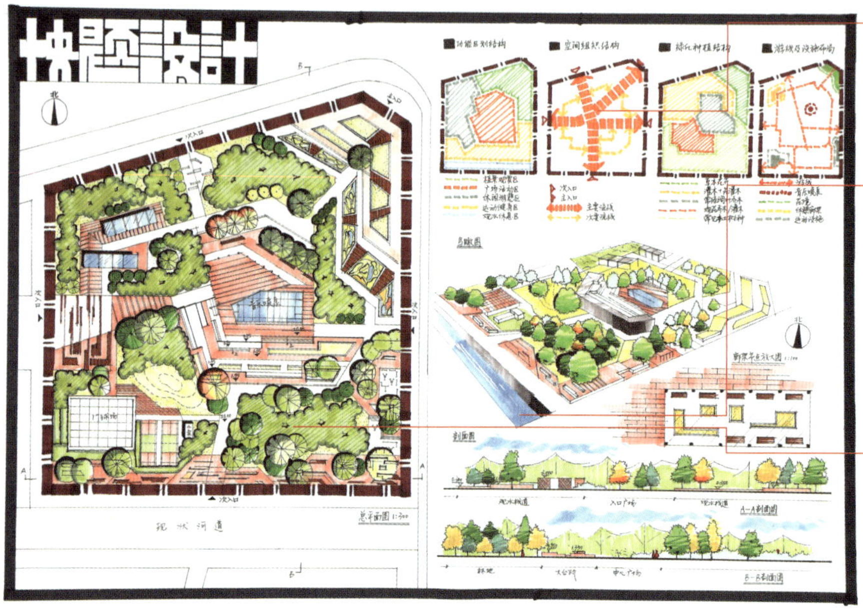

功能区划结构分析气泡图和空间组织结构分析导向图能够增强该公共广场规划设计方案的可读性，图中色彩配比也很协调。

蓝色能表现河流的特征，适当的留白能够表现出船舶划过河流产生的水迹。此外，加深河岸侧边的色彩也能很好地增强河岸的立体感和体积感。

平面图中分布有不同的绿植，绘制时需要选用不同色彩浓度的绿色来做区分。

图7-20 公共广场规划设计

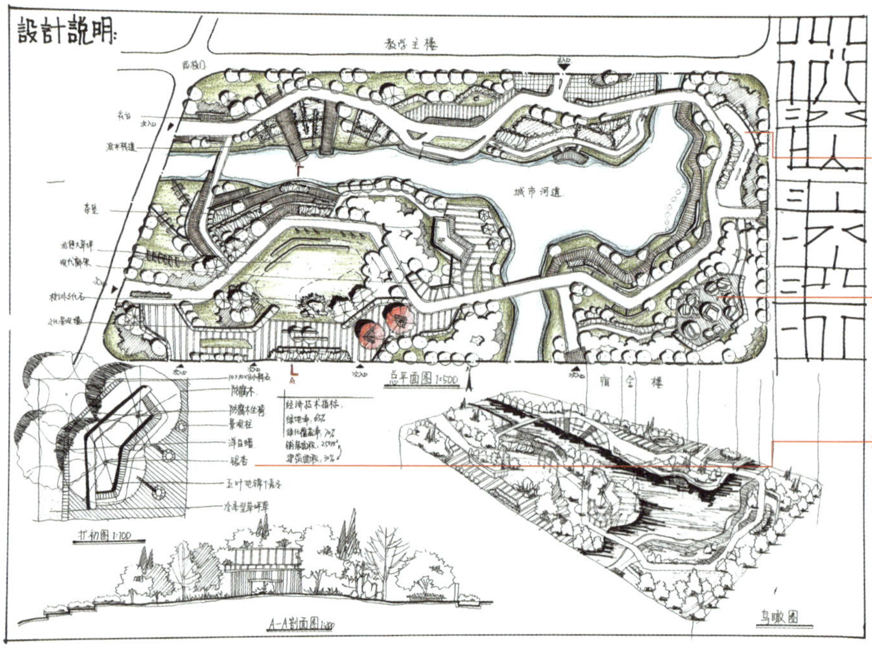

木栈桥可分段绘制，且内部绘制的线条不可间隔过密，也不可过于稀疏。

规划内的设计元素布局要合理，在绘制时要控制好各设计元素之间的距离。

扩初图旁配文字说明，可以有效增强该校园规划设计方案的可读性，同时也能加深公众对该设计方案的印象。

图7-21 公园规划设计

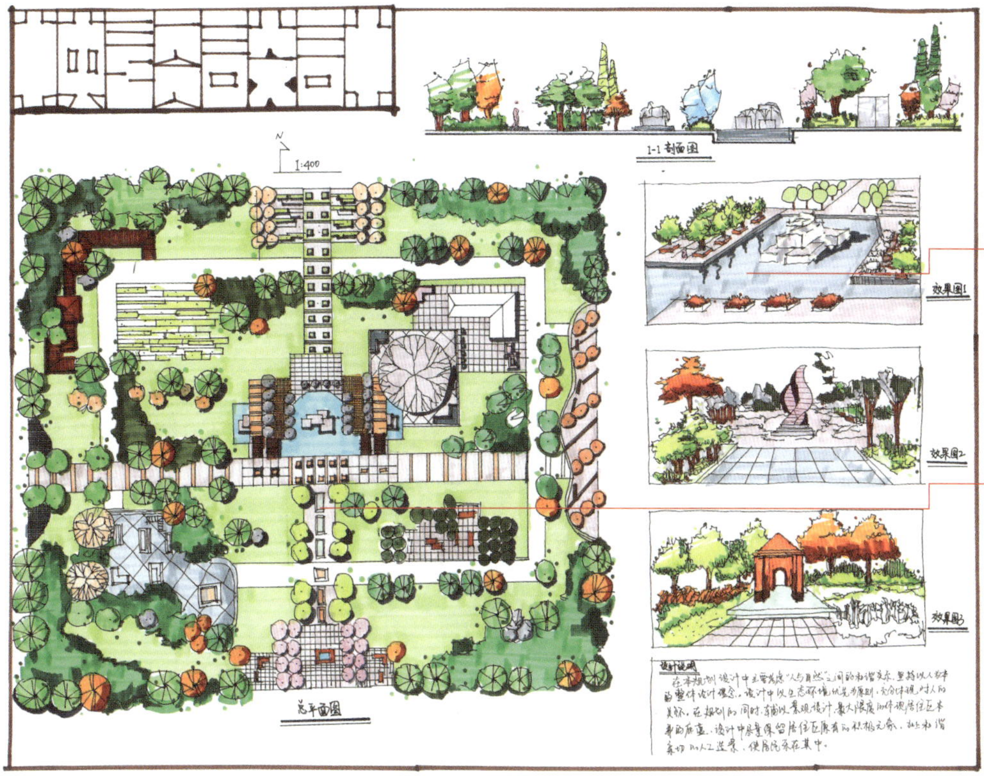

根据重点绘制多张效果图，主次分明，水面倒影刻画细致，色彩比例合理，视觉效果好。

平面图能全面展示规划设计内容，绘制植物选用不同色彩浓度的绿色、粉色、橙色等来表现不同类别的植物，让画面更丰富。

图7-22　居住区规划设计（余江涛）

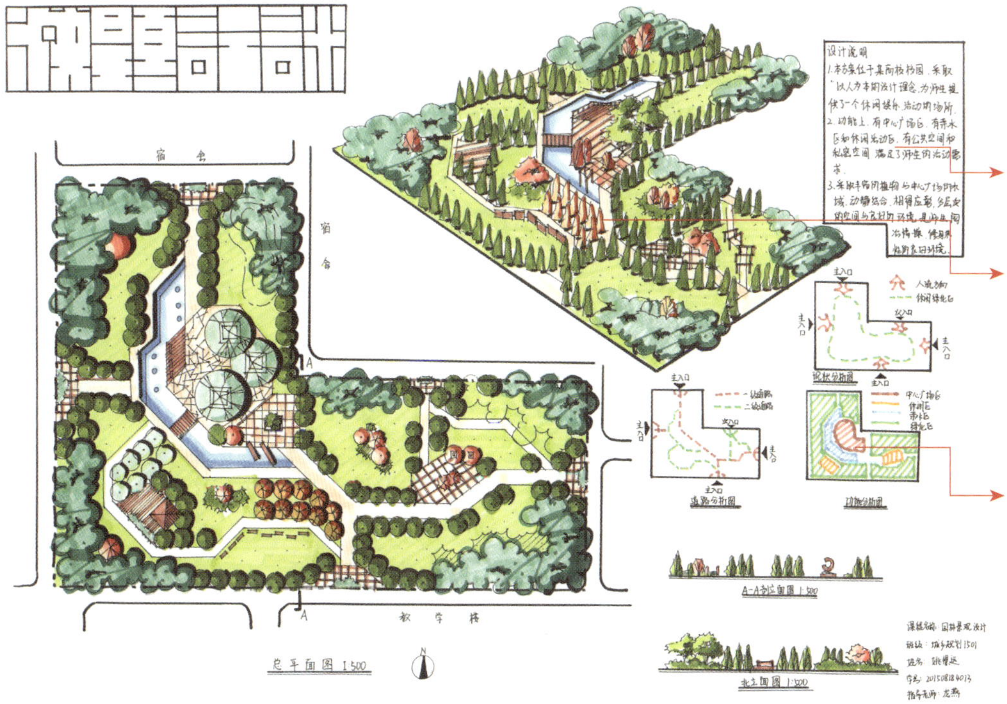

设计说明阐明该公园规划设计内容。

低矮灌木以三角锥的形式表现，平涂绿色，均匀围绕在草坪周边自成空间，能增强画面丰富性和多样性。

功能分析气泡图可形象表明各功能区的位置。

图7-23　公园规划设计（姚憬远）

主副标题属于同一色系，但色彩浓度不同，且标题文字间隔有序，字迹整齐，画面感好。

平面图所绘制的内容不可超过绘制的边际线，涂色时还需有适当的渐变，这样色彩平衡度和视觉美感较好。

效果图中的植物有绿色、紫色以及红色等色彩，这些不同的色彩能够作为区分不同绿植的标准。

图7-24 公共广场规划设计（刘露露）

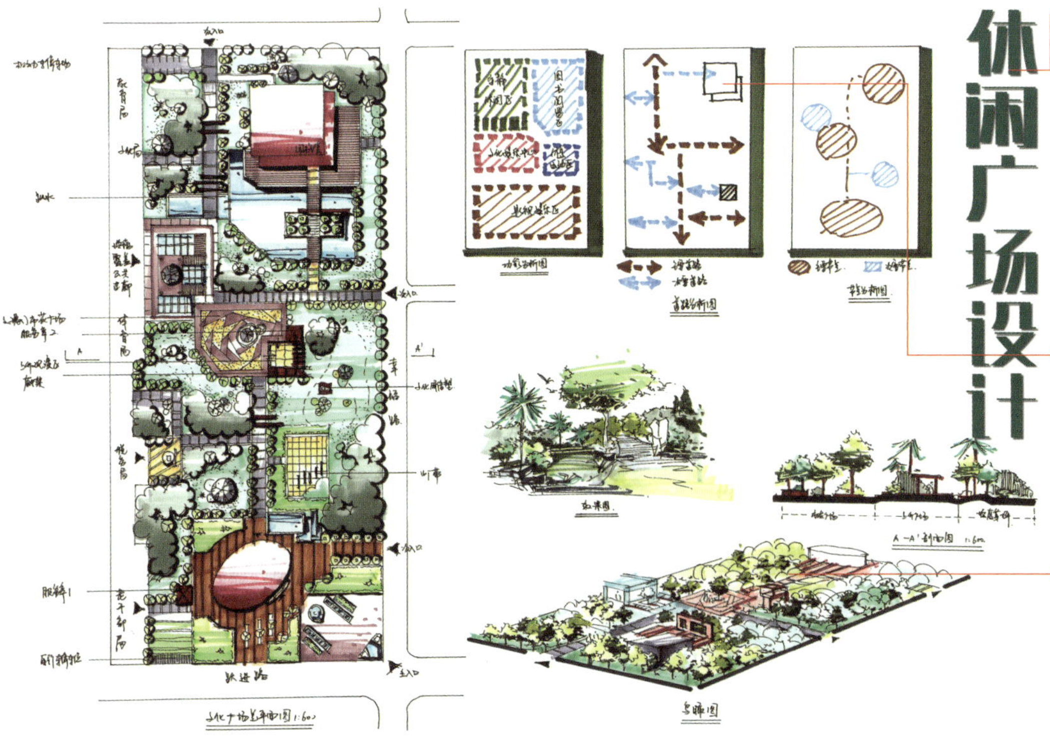

标题文字位于画面的右侧边，着以深绿色，这种颜色能与画面的整体色彩相协调，且该标题文字紧扣设计方案，立意比较清晰。

功能分析气泡图和道路分析导向图能够有效增强该休闲广场规划设计的可读性。

鸟瞰图可形象、生动地展示休闲广场规划设计的内容，图面中配色协调性比较强，涂色边缘整齐。

图7-25 休闲广场规划设计（何静）

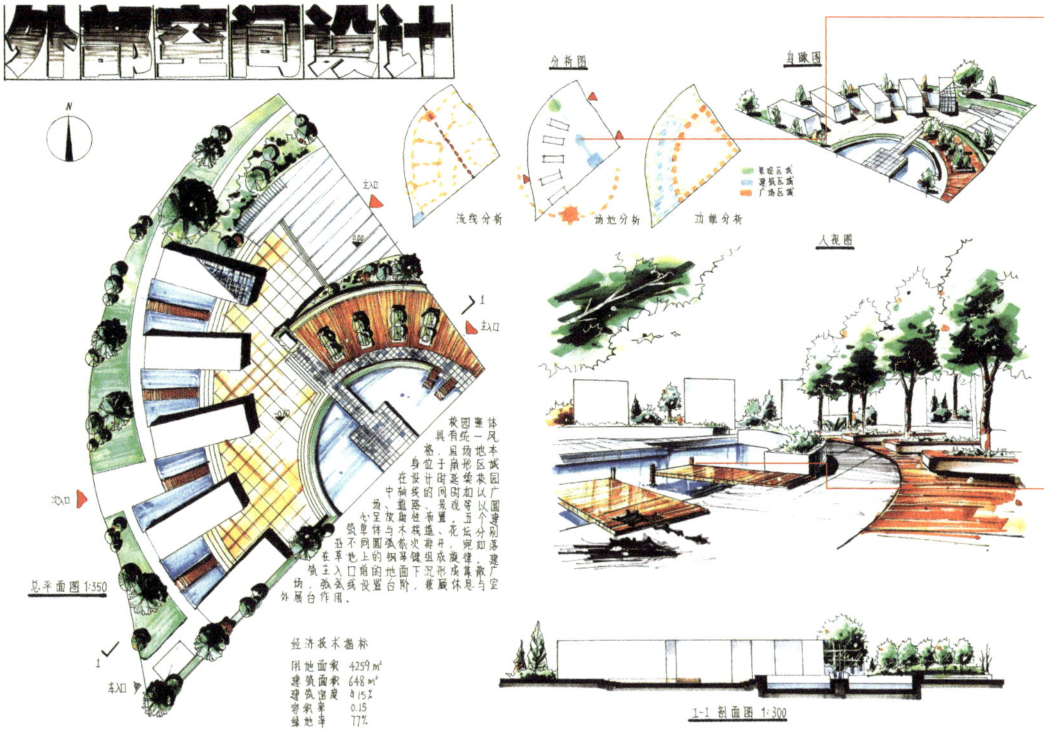

扇形分析图用不同的色彩来指代不同的区域，这种形式能够增强该设计方案的可读性，同时也能为图稿中的配色提供一定的参考作用。

不同蓝色可表现水流特征，适当点笔和蹭笔能表现出水流下坠的景象。

图7-26　外部空间规划设计（贺怡）

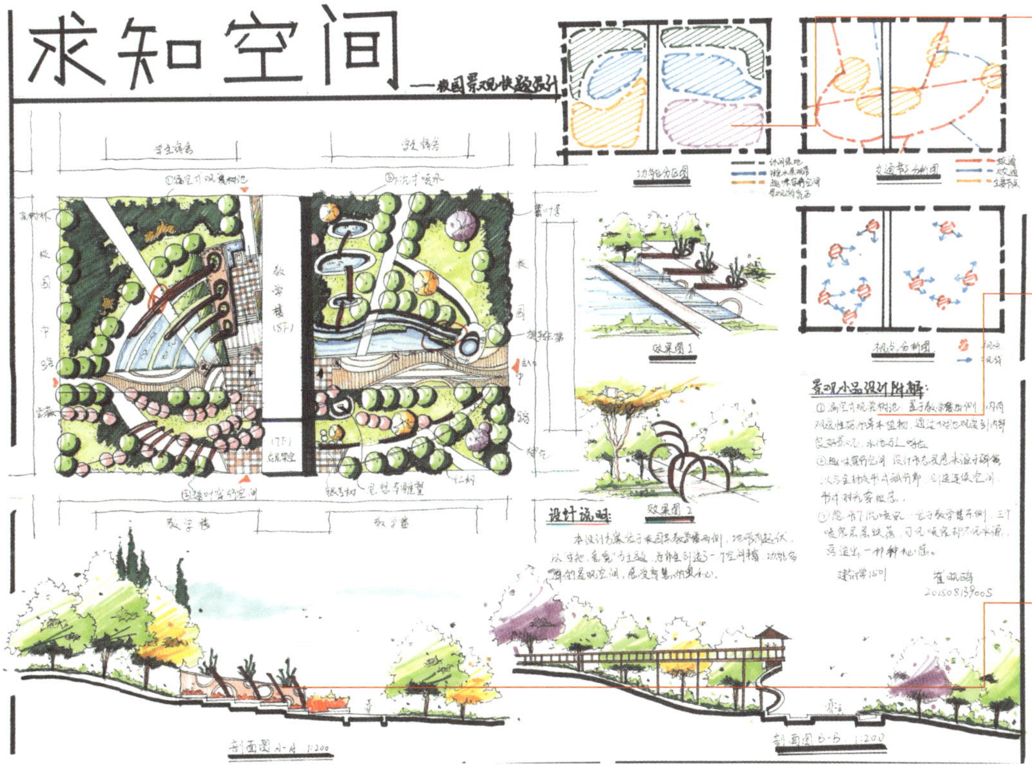

功能分区气泡图配色比较协调，这种形象的思维导图能够增强公众对设计方案的理解。

设计说明分步阐明设计意图，简单的文字能够清晰地传达出设计情感和内涵。

剖面图分层级绘制，树木色彩和高度都有所变化，这能丰富画面层次。

图7-27　校园景观空间规划设计（催晓鸥）

用弧形马克笔笔触强化文字着色，突出表现文字标题设计特色。

不规则的绿化带能强调设计范围的真实性，加深绿化带色彩的同时还能衬托出道路的形态。

对植物品种进行细分设计，提升方案的真实感。

图7-28　城市广场规划设计（刘思慧）

本章小结：

本章主要讲解了建筑快题设计版面布置方法与要求，集中大量优秀建筑快题设计与规划设计作品，讲解并分析版面设计内容与表现细节。对不同类型建筑设计主题进行了深入分析，专项表现技法与设计目的，强调快题设计中的细节画法。注重版面设计形式与协调感。引导读者全面、深入地练习快题设计，快速提升表现水平。

●课后练习

1. 快题设计中版面布置元素有哪些?
2. 快题设计的效果图一般布置在版面的什么区域?
3. 参考本章图7-16、图7-17，练习办公建筑快题设计。
4. 参考本章图7-22，练习居住区规划快题设计。
5. 考察当地基层政府办公楼，根据现有设计进行改良，重新设计基层政府办公建筑快题设计，结合党的二十大会议精神，创作全新设计元素，融合至快题设计中。

REFERENCE

参考文献

[1] 三道手绘．建筑快题高分攻略［M］．沈阳：辽宁科学技术出版社．2014．

[2] 1895 Design团队．建筑快题设计指南［M］．北京：机械工业出版社．2018．

[3] 金梦潇，郑权一．巅峰建筑快题设计实例教程150［M］．北京：机械工业出版社．2016．

[4] 韦爽真．规划快题设计——设计方法与案例分析［M］．重庆：西南大学出版社．2015．

[5] 绘世界手绘考研快题训练营．城市规划快题设计与表达［M］．北京：中国林业出版社．2013．

[6] 王卉，李婧．方法与表达·规划快题设计［M］．北京：中国建筑工业出版社．2019．

[7] 王夏露，李国胜．建筑快题设计方法与实例［M］．南京：江苏科学技术出版社．2018．

[8] 辛塞波，张晓明，林大岵．建筑快题设计50问与100例［M］．北京：化学工业出版社．2015．

[9] 叶茂乐．建筑设计攻略——建筑快题设计语汇表达［M］．北京：中国建筑工业出版社．2017．

[10] 刘稳，张光辉．城市规划快题设计方法［M］．北京：中国建筑工业出版社．2018．

[11] 郭亚成．建筑快题设计实用技法与案例解析［M］．北京：机械工业出版社．2012．

[12] 王夏露，谷溢，徐志伟．城市规划快题设计方法与实例［M］．南京：江苏科学技术出版社．2019．

[13] 李国光，褚童洲．建筑快题设计技法与实例（第2版）［M］．北京：中国电力出版社．2017．

[14] 王娴．建筑快题设计——设计方法与案例分析［M］．重庆：西南大学出版社．2015．

[15] 绘世界手绘考研快题训练营．建筑快题设计与表达［M］．北京：中国林业出版社．2014．